PSYCHOLOGY

하루

포포 프로덕션 지음　이선희 옮김

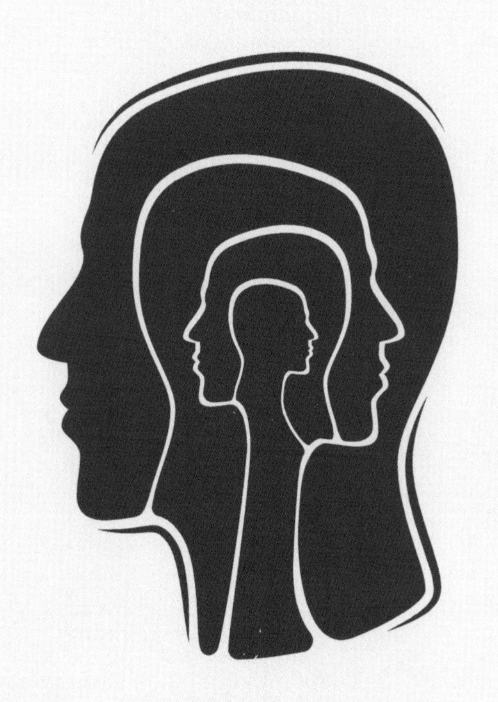

자신과 상대를 알고 실전에 활용하는 원리

포포 포로덕션

'사람의 마음을 움직이는, 수준 높고 재미있는 콘텐츠를 만들자'는 철학을 모토로 유머러스한 콘텐츠를 기획하거나 각종 제작물을 만든다. 색채 심리와 인지 심리를 전문으로 연구하며, 심리학을 활용한 상품개발과 기업 컨설팅을 한다. 저서로는 『マンガでわかる色のおもしろ心理学 만화로 읽는 색채 심리 1』, 『マンガでわかる色のおもしろ心理学 2 만화로 읽는 색채 심리 2』, 『マンガでわかる人間関係の心理学 만화로 배우는 인간관계 심리학』, 『マンガでわかる恋愛心理学 만화로 읽는 생생 연애 심리학』, 『マンガでわかるゲーム理論 만화로 배우는 게임이론』, 『デザインを科学する 디자인을 과학하자!』〈サイエンス・アイ新書〉, 『今日から使える!「器が小さい人」から抜け出す心理学 당장 활용할 수 있는 '그릇이 작은 인간'에서 탈출하기 위한 심리학』, 『人間関係に活かす! 使うための心理学 인간관계에서 활용하기 위한 심리학』, 『自分を磨くための心理学 자신을 단련하기 위한 심리학』〈PHP研究所〉, 『「色彩と心理」のおもしろ雑学 '색채와 심리'를 둘러싼 흥미진진한 잡학사전』〈大和書房〉등이 있다.

● 일러두기

본 도서는 2008년 일본에서 출간된 포포 포로덕션의 『マンガでわかる心理学』를 번역해 출간한 도서입니다. 내용 중 일부 한국 상황에 맞지 않는 것은 최대한 바꾸어 옮겼으나, 불가피한 경우 일본의 예시를 그대로 사용했습니다.

들어가며

심리학 서적을 잔뜩 기대하고 읽었는데 내용이 단순해서 남는 게 없거나, 반대로 난해해서 이해하기 어려웠던 적이 있을 것이다. 술술 읽히는 것도 좋지만 너무 쉽게 풀어낸 나머지 내용이 가벼워져서 모처럼 생긴 '심리학'에 대한 흥미가 꺾이는 것이 안타까웠다. 같은 내용이라도 어떻게 표현하느냐에 따라 접근성이 좋아지고 흥미도 유발된다. 그래서 '쉽게 읽을 수 있고 내용도 깊은' 심리학 서적을 만들고자 했다.

이 책은 기본을 중심으로 심리학자들의 연구 결과와 과거 사례를 엮어서 만든 '심리학 입문서'다. '마음의 작용'과 '신비로운 인간의 행동'을 이해하는 데 도움이 되길 바란다. 가볍게 만화를 읽고 나서 해설로 넘어가도 좋고, 읽는 순서는 상관없다. 가끔 아니 자주, 만화가 다른 길로 새기는 하지만, 당신이 조금이라도 흥미를 느낀다면 내용은 마음에 새겨질 것이다.

책에 대해 가볍게 소개한다. 읽는 순서는 중요하지 않지만, 심리학의 기초를 짚고 넘어가면 좋을 것 같아 '서장'을 준비했다. 서장에서는 심리학의 개요와 역사, 종류 등을 다룬다. 알아두면 도움이 되긴 하지만, 시작부터 너무 깊게 파고 들면 지레 질릴 수도 있어 간단히 정리했다.

1장에서는 심층 심리와 성격 심리를 다룬다. 꿈의 메커니즘과 종류, 분노나 울음의 의미, 심층 심리에 대해 살펴본다. 자신의 내면을 들여다보는 계기가 되었으면 한다.

2장에서는 사회 심리학에 대해 이야기한다. 사회 속에서 볼 수 있는 인간의 행동을 해설한다. 곤경에 빠진 사람을 선뜻 돕지 못하는 심리나 줄을 길게 늘어선 사람들의 심리를 통해 인간 행동을 분석한다.

3장에서는 연애 심리학을 소개한다. 인간은 왜 사랑에 빠지는 걸까? 어떻게 하면 상대에게 호감을 얻을 수 있을까? 연인 간의 원만한 관계를 유지하는 비결에 대해 알아본다.

4장에서는 인지 심리학을 다룬다. 보고 듣고 기억하는 인간의 행동과 신기한 심리 효과를 설명한다. 난해한 해설은 과감하게 삭제하고 가능한 알기 쉽게 풀어냈다.

5장에서는 다양한 심리학을 소개한다. 음악 심리학, 스포츠 심리학 등 다양한 심리학 장르를 깨알 같은 에피소드를 섞어가며 설명한다.

6장은 심리학 응용 편이다. 실제 상황을 설정하고, 그 상황에서 활용할 수 있는 심리 효과를 해설한다.

이 책은, 자신을 알고(1장) → 상대를 알고(2장) → 연인의 정체를 알고(3장) → 눈과 귀의 메커니즘을 알고(4장) → 다양한 심리 효과를 파악하여(5장) → 실전에 활용하는(6장) 구조로 되어 있다. 심리학 전체를 포괄하지는 않지만, 심리 효과의 일련의 흐름을 이해할 수 있을 것이다.

또, 색채 심리학 전문가로서 다른 심리학 서적에서 볼 수 없는 색채 접근법을 도입했다. 신뢰도를 높이기 위해 의료 관계자로부터 조언도 받았다.

물론, 일러스트를 보고 '내용이 가볍지 않을까?'라는 의심을 가질 수 있다. 내용은 기대를 저버리지 않고 깃털처럼 가볍다. 신비로운 인간의 심리 효과를 제대로 파고들어 흥미진진하게 풀어냈다.

심리학을 알면 의사소통이 원활해진다. 대인관계에 대한 고민도 줄어든다. 그뿐 아니라, 지금까지 몰랐던 자신의 마음을 이해할 수 있다. 심리학은 매우 흥미로운 학문이다.

만화와 삽화에는 머리에 꽃을 꽂은 원숭이들이 등장한다. 그들은 꽃의 형태와 색상으로 감정을 표현하는 '표본 원숭이'라고 불리는 원숭이들이다. 일본원숭이의 아류 종으로 자세한 생태는 아직 규명되지 않았다. 인간과 매우 유사한 행동을 하는 희귀종으로, 내용을 해설하고 예시를 제시하며 그들에게 큰 도움을 받았다.

포포 포로덕션

목차

엘리베이터를 탄 사람들은 왜 층수 표시등을 볼까? (사회 심리학 편)

바(Bar)는 왜 어두컴컴할까? (연애 심리학 편)

지각과 기억의 신비 (인지 심리학 편)

제5장 다양한 심리학 (산업, 발달, 범죄, 색채 심리학 등)

제6장 활용 범위가 넓은 심리학 (심리학 응용 편)

심리학이란?

심리학을 소개하기에 앞서, 우선 몇 가지 사례를 살펴보며 연애의 심리 효과, 심리학 개론과 역사를 간단히 알아보자. 심리학의 배경을 접하면서, 매력적인 심리학의 세계에 빠지길 바란다.

로미오와 줄리엣 효과
- 사랑은 장애물이 있으면 더 불타오른다. -

먼저, 인간의 신기한 행동과 심리를 소개한다. 그중에서도 특히 연애는 불가사의한 심리 효과의 보고다.

사랑에 빠진 남녀에게 몇몇 장애물이 있으면, 연결고리가 더욱 단단해진다고 한다. 잘 갖춰진 환경에 장애물도 없고 주변 사람들의 축복까지 더해진다면 둘의 관계가 끈끈해질 거라고 생각하기 쉽지만, 부모님의 반대와 같은 장애물이 있을 때 두 사람의 애정은 더욱 깊어진다. 또 드라마에 종종 나오듯, 사랑의 경쟁자가 등장하면 상대에 대한 마음이 더욱 불타오른다.

이것을 심리학에서는 '로미오와 줄리엣 효과'라고 부른다. 『로미오와 줄리엣』은 셰익스피어의 희곡으로 14세기 이탈리아를 배경으로 몬테규 가문과 캐플릿 가문이 갈등을 벌이는 가운데 양가의 외동아들 로미오와 외동딸 줄리엣이 사랑에 빠져 장애물을 뛰어넘으려는 이야기다. 사랑하지만 장애물로 인해 헤어질 수밖에 없는 상황이 발생하면, 이를 극복하려는 심리 효과가 작동한다. 그렇게 장애물을 극복하려는 노력을 연애의 깊이라고 착각하고, 극복한 성취감을 연애 감정으로 치환한다. 사랑의 도피 행각을 벌여 요란하게 맺어진 커플일수록 의외로 쉽게 이혼하는 건 그런 배경 때문이다. 불타오른 요란한 연애는, 안타깝지만 진정한 사랑이 아니었던 거다.

●이 도서의 만화는 오른쪽 상단부터 읽어주세요.

타이타닉 효과

- 특별한 상황이 추가되면 강력한 효과를 낳는다. -

큰 흥행을 거둔 영화 『타이타닉』에 등장하는 잭과 로즈도 장애물을 뛰어넘고 사랑으로 맺어졌다. 화가 지망생 잭과 상류계급의 딸 로즈는 서로 사랑하는 사이었지만, 로즈에게는 자산가인 약혼자가 있었다. 로즈의 보수적인 부모님도 큰 장애물이었다. 이 작품은 『로미오와 줄리엣』을 모티브로 하고 있으며, 장애물과 함께 배 위라는 특별한 공간이 두 사람의 불타오르는 사랑을 연출한다. 장애물과 함께 특별한 상황이 추가되면, 우리는 이것을 '타이타닉 효과'라고 부른다.

아마존 오지로 여행을 갔다가 우연히 멋진 남성과 만나 그에게 끌리게 되었다. 그런데 동행한 친구도 그에게 호감을 느끼고 있다는 사실을 알게 된다. 친구는 중간에서 잘 되게 도와달라고 부탁하지만, 나도 모르게 그 남자에게 자꾸 마음이 끌리고… 남은 체류 기간은 단 하루. 시간은 점점 흐른다. 우정을 지켜야 하지만 끌리는 마음을 억누를 수 없다. 어떻게 해야 좋을까? 이런 상황이 바로 타이타닉 효과로, 이대로 가다가는 바다에서 침몰하는 타이타닉 호처럼 우정과 사랑 사이에서 침몰할 지도 모른다.

『타이타닉』의 로즈는 줄리엣처럼 사랑하는 사람을 쫓아 자살하지 않고, 잭의 영향으로 씩씩하게 살아가는 길을 선택한다. 비극으로 막을 내린 『로미오와 줄리엣』의 줄리엣과는 달리 강인한 여성으로 그려진다. 타이타닉 효과에는 어떤 상황에서 탄생한 사랑이라도 긍정적으로 받아들이고 씩씩하게 헤쳐 나가기를 바라는 염원이 담겨있는지도 모른다.

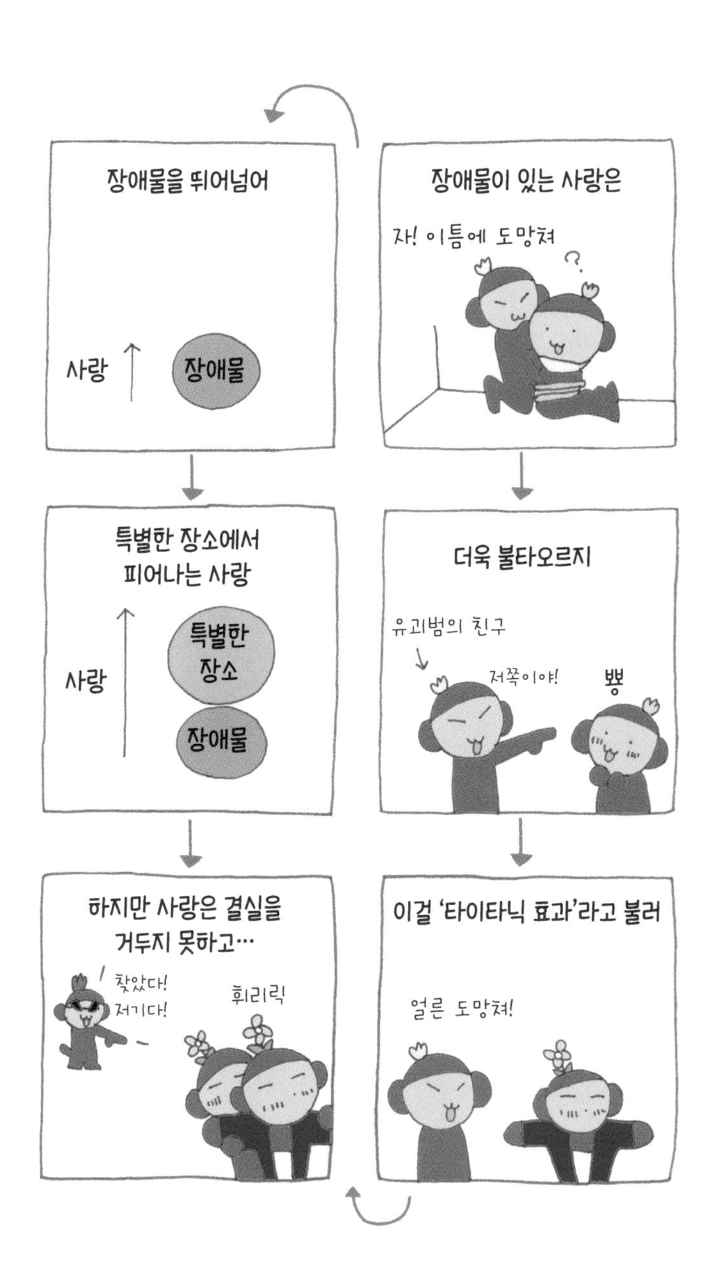
장애물이 있는 사랑은
자! 이틈에 도망쳐
?
더욱 불타오르지
유괴범의 친구
저쪽이야!
뿅
이걸 '타이타닉 효과'라고 불러
얼른 도망쳐!
장애물을 뛰어넘어
사랑
장애물
특별한 장소에서
피어나는 사랑
사랑
특별한
장소
장애물
하지만 사랑은 결실을
거두지 못하고…
찾았다!
저기다!
휘리릭

시각은 믿을 수 없다?
- 시각을 방해하는 인간의 심리 -

우리는 종종 '내 두 눈으로 본 것만 믿는다.'라고 말하지만, 안타깝게도 인간의 시각은 그렇게 믿음직스럽지 못하다. 우리는 시각을 통해 상당히 많은 정보를 입수한다. 오감 가운데 시각이 차지하는 비율은 80% 이상이라고 한다. 하지만 시각은 믿음직스럽지 못하다.

우선 아래 그림을 약 2초 정도 본 후, 다음 문장을 읽어보자.

레스토랑에서 음식에 벌레가 들어가 격분한 손님들과 사과하는 웨이터 그림이다. 그렇다면 여기에서 문제. 그림에는 칼을 들고 있는 사람이 있다. 과연 누구일까? (그림을 다시 보지 말고 기억을 더듬어 보길 바란다)

대부분 손님들 중 한 명이라고 대답할 것이다. 그럼, 다시 한 번 그림을 살펴보자. 손님 두 사람은 아무것도 들고 있지 않다. 칼을 들고 있는 사람은 웨이터다. (웨이터라고 대답한 사람은 통찰력이 대단하다. 뒤에 있는 원숭이라고 대답한 사람은 생각이 너무 많다.) 식사하는 장면이니까 나이프를 사용중일 것이고, 게다가 손님들이 화를 내고 있었으니 그들이 들고 있을 것이라는 선입견이 작용한 것이다.

고정관념이나 상식이 시각의 기억까지 좌지우지한 것이다. 범죄 수사 중에 목격자가 흔히 빠지는 선입견이다. 실제로 범인처럼 생긴 사람을 목격했을 때, 가지고 있지도 않은 흉기를 손에 들고 있었다는 증언이 추가되기도 한다. 범죄 수사를 혼란에 빠뜨리는 요인 중 하나다. 인간의 이미지는 보이지 않은 것도 상상으로 만들어 낸다.

심리학이란?
- 마음을 과학적으로 연구하는 학문 -

지금까지 심리학과 관련된 몇 가지 사례를 알아보았다. 심리학이란 무엇일까? 인간은 아름다운 꽃을 보고 아름답다고 느끼고, 감동적인 영화를 보면 소리를 내어 운다. 이는 마음의 작용에 의해 일어나는 일이다.

심리학은 인간의 행동을 관찰하고 행동의 이유나 원인을 분석해 마음의 움직임을 연구하는 학문이다. 좀 더 쉽게 말하면, 마음을 과학적으로 연구하는 학문이다. 인간의 마음은 정말 신기하다. 좋아하는 사람을 냉정하게 대하기도 하고, 좋아하지도 않는 상대가 기뻐할 빈말을 늘어놓고 나서 후회하기도 한다. 하지만 이런 행동과 사고의 배경에는 이유가 있다. 그것을 알면 자신을 알게 되고 대인관계에서 오는 많은 문제를 피할 수 있다. 자신과 상대를 아는 나침반이 바로 심리학이다.

심리학은 여러 상황에서 사용된다. 예를 들어, 어떻게 응대하면 손님이 기분 좋게 술을 마시고 비싼 술을 많이 주문할까? 직원들은 시도와 실패를 반복하면서 보틀 킵 노하우를 연구한다. 이게 바로 행동으로 상대방의 마음 상태를 탐색하는 심리학이다. 대인 관계뿐 아니라, 재해 상황 속 인간 심리를 연구해서 적절한 대피 행동을 찾아내기도 한다. 나아가 범죄자의 심리를 연구해 범죄 퇴치와 범죄자의 인격 개선에 활용한다. '착시' 같은 시각의 착각도 다룬다. 이렇게 심리학은 폭넓고 심오한 학문이다.

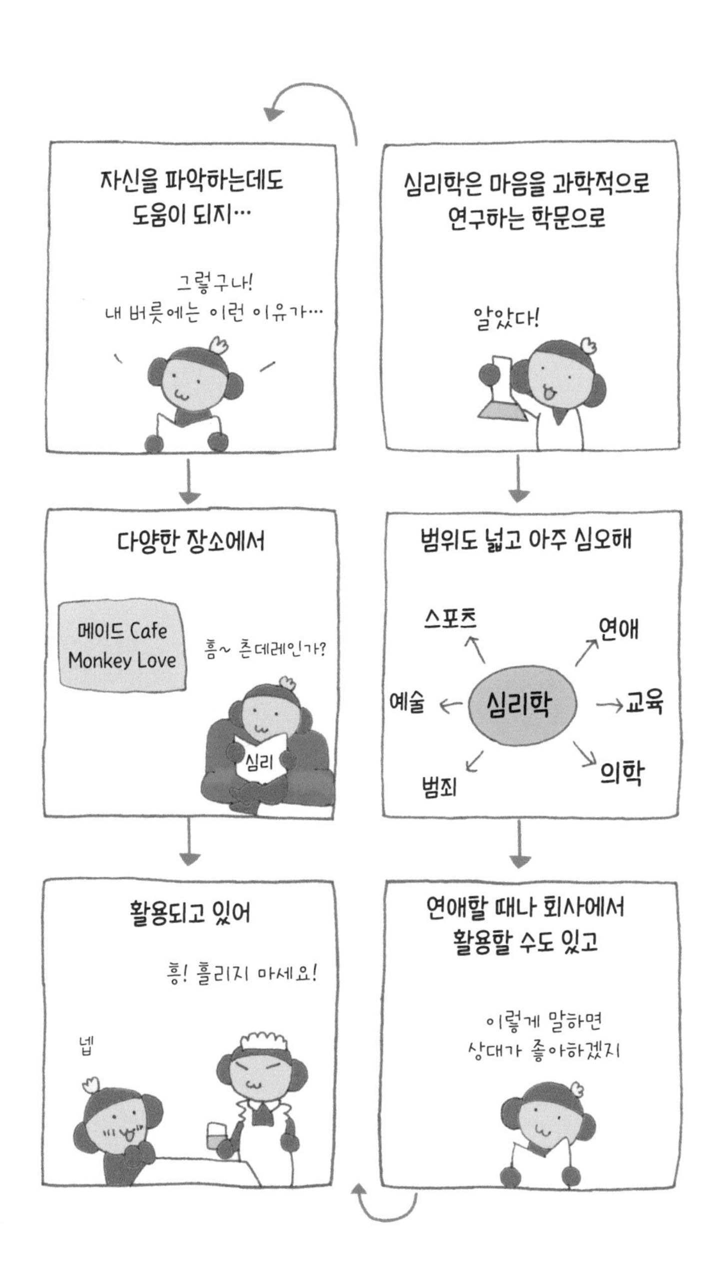

심리학은 마음을 과학적으로
연구하는 학문으로
알았다!
범위도 넓고 아주 심오해
스포츠
연애
예술
심리학
교육
범죄
의학
연애할 때나 회사에서
활용할 수도 있고
이렇게 말하면
상대가 좋아하겠지
자신을 파악하는데도
도움이 되지…
그렇구나!
내 버릇에는 이런 이유가…
다양한 장소에서
메이드 Cafe
Monkey Love
흠~ 츤데레인가?
심리
활용되고 있어
흥! 흘리지 마세요!
넵

심리학의 역사 ①
- 심리학의 기원은 고대 그리스 시대 -

1. 그리스 철학 시대

심리학의 탄생 시기를 명확히 규정하기는 어렵다. 마음을 이론으로 설명하려 했던 작업을 심리학의 기원이라고 하면, 고대 그리스 시대까지 거슬러 올라간다. 이 시대의 심리학은 철학이었다. 철학자 아리스토텔레스는 눈으로 들어온 정보는 심장에서 '마음'이 된다고 생각했다. 플라톤은 마음과 몸은 별개이므로, 인간은 죽어도 마음은 이데아(본질)로 남는다고 생각했다. 고대 그리스 시대에 태어나지 않아서 천만다행일 만큼 심리학은 난해한 존재였다.

2. 빌헬름 분트의 등장

19세기 빌헬름 분트의 등장으로 심리학에 큰 전환점이 생겼다. 분트는 심리학을 철학과 분리해 과학적 실천으로 마음을 연구하려 했다. 분트가 독일 대학에서 심리학 실험실(연구실)을 열자, 유럽, 미국, 일본 등지에서 심리학을 배우고자 하는 사람들이 몰려들었다. 이것이 근대 심리학의 시작이다.

3. 세 가지 심리학 유파

분트의 실천 심리학은 크게 세 가지 유파로 나뉜다. 전체로서의 형태로 마음을 파악해야 한다고 제창한 게슈탈트 심리학. 인간 행동을 객관적으로 연구한 왓슨이 제창한 행동주의 심리학. 그리고 프로이트에 의해 탄생한 정신분석학이다.

빌헬름 분트는
1879년
심리학 실험실을 열고
내성법의 시대
실험으로 심리학을
연구하려 했어
이건!
데이터
이것이 학문으로서
심리학의 기원이래
심리학
바이
바이
철학
그럼, 우리는?
그게,
너무 어렵고
철학이고…
플라톤
아리스토
어떻게 할지
생각하는 게
철학이야!
선생님이
이데아 같은 걸
말씀
하시니까…
싸움은
그만!

심리학의 역사 ②
- 프로이트부터 융, 아들러로 이어지는 심리학 -

4. 프로이트의 정신분석

프로이트가 창시한 정신분석은 인간의 행동 배경에 '무의식'이라는 개념을 도입해 마음의 구조 해석과 마음 치료에 응용했다. 프로이트는 현재까지도 심리학에서 자주 거론되는 유명 인사지만, 당시 학회에서는 이단아였다. 하지만 프로이트의 정신분석은 심리학 · 의학을 뛰어넘어 예술과 정치사상 등 다방면에 영향을 주었다.

5. 융의 분석 심리학

프로이트의 제자인 융은 프로이트의 이론에 무의식은 두 종류가 있다는 독자적 해석을 내놓으며 분석 심리학이라는 이론을 전개했다. 융은 보편적 무의식과 함께 콤플렉스라는 개인마다 다른 후천적 무의식이 존재한다고 했다. 융은 프로이트와 의견 차이로 결별했으며, 심리학의 틀을 넘어서 영(sprit)과 혼(soul)의 영역까지 확장해 갔다.

6. 아들러의 심리학

아들러는 프로이트와 함께 심리학을 연구했지만, 프로이트로부터 독립한 심리학자 중 한 명이다. 그는 처음에 프로이트의 정신분석에 관심을 가졌으나, 이후 정신 내부보다 대인관계에 주목한 실천적 개인 심리학을 창시했다. 현재도 자녀의 자립과 사회성 발달을 위한 방법, 고령자 돌봄 등 여러 분야에서 폭넓게 활용되고 있다. 아들러 심리학은 인지도가 높은 편은 아니지만, 일본에서 각광받는 심리학이다.

심리학의 역사

기원전 4세기

플라톤
(BC428~347년경)
마음과 몸은 별개.
죽어도 마음은 남는다.

아리스토텔레스
(BC384~322년)
지식은 심장에 수납되어 있고 그것이 마음의 형태를 형성한다.

17~18세기

데카르트
(1596~1650년)
플라톤의 사상을 계승.
자신의 존재와 의식을 연결 지었다.

1879년

분트
(1832~1920년)
철학이 아니라 실험으로 심리적 행동을 탐색하려 했다.
근대 심리학의 시초.

게슈탈트 심리학

정신 현상을 전체로서의 형태로 파악했다.

1900년

프로이트
(1856~1939년)
정신분석이론은 의식보다 무의식에 중점을 두었다. 모든 것을 성(性)과 연결 지어 제자들의 반발을 샀다.

행동주의 심리학

행동을 객관적으로 관찰하고 마음의 움직임을 탐색했다.

융
분석 심리학. 무의식을 심도 있게 추구했다.

아들러
(1870~1937년)
개인 심리학을 창시했다.
현대에도 활용되고 있다.

임상 심리학 심층 심리학 교육 심리학 사회 심리학

심리학은 이렇게 이어져왔다. 이곳에 거론된 학자 이외에도 많은 심리학자가 있으며 범주도 복잡하게 얽혀있다.

심리학의 종류

- 다양한 종류의 심리학 -

심리학이 철학에서 떨어져 나온 지 백수십 년이 지났다. 그래도 비교적 새로운 학문이다. 심리학은 대상이 광범위하며, 짧은 시간에 여러 장르로 파생해 다양한 분야에 적응했다. 그래서 심리학자나 서적에 따라 심리학을 분류하는 방법과 해석이 다르다. 하나의 심리 효과는 다양한 심리학과 관계 있는 경우가 많다. 어떤 심리 효과가 어떤 장르로 분류되는지는 그다지 중요하지 않고 심리학의 본질도 아니다. 여기에서는 참고삼아 심리학의 대표 장르를 소개한다.

■ 기초 심리학

인지 심리학	지각과 기억을 다루는 심리학. 착시도 여기에 속한다.
발달 심리학	인간 발달의 메커니즘, 인간 성장 과정의 심리를 연구한다.
사회 심리학	집단과 사회 속에서 개인과 집단의 행동을 연구한다.
감정 심리학	감정이 신체에 주는 영향과 감정 메커니즘을 연구한다.

※ 이외에 이상 심리학, 인격 심리학, 생리 심리학, 언어 심리학 등이 있다.

■ 응용 심리학

임상 심리학	심적으로 힘든 사람들을 위한 대처 방법을 연구한다. 의료로서의 심리학.
성격 심리학	성격이 형성되는 요인이나 성격 분류 등을 연구한다.
교육 심리학	심리학을 교육 현장에서 활용한다. 교육 효과 향상을 목표로 한다.
범죄 심리학	범죄자 심리에 대한 연구뿐 아니라, 범죄 예방도 연구한다.
색채 심리학	색이 영향을 끼치는 심리 효과를 연구한다. 인지 심리학에 포함된다.

※ 이외에 산업 심리학, 재해 심리학, 스포츠 심리학, 환경 심리학, 교통 심리학, 민족 심리학, 공간 심리학, 광고 심리학 등이 있다.

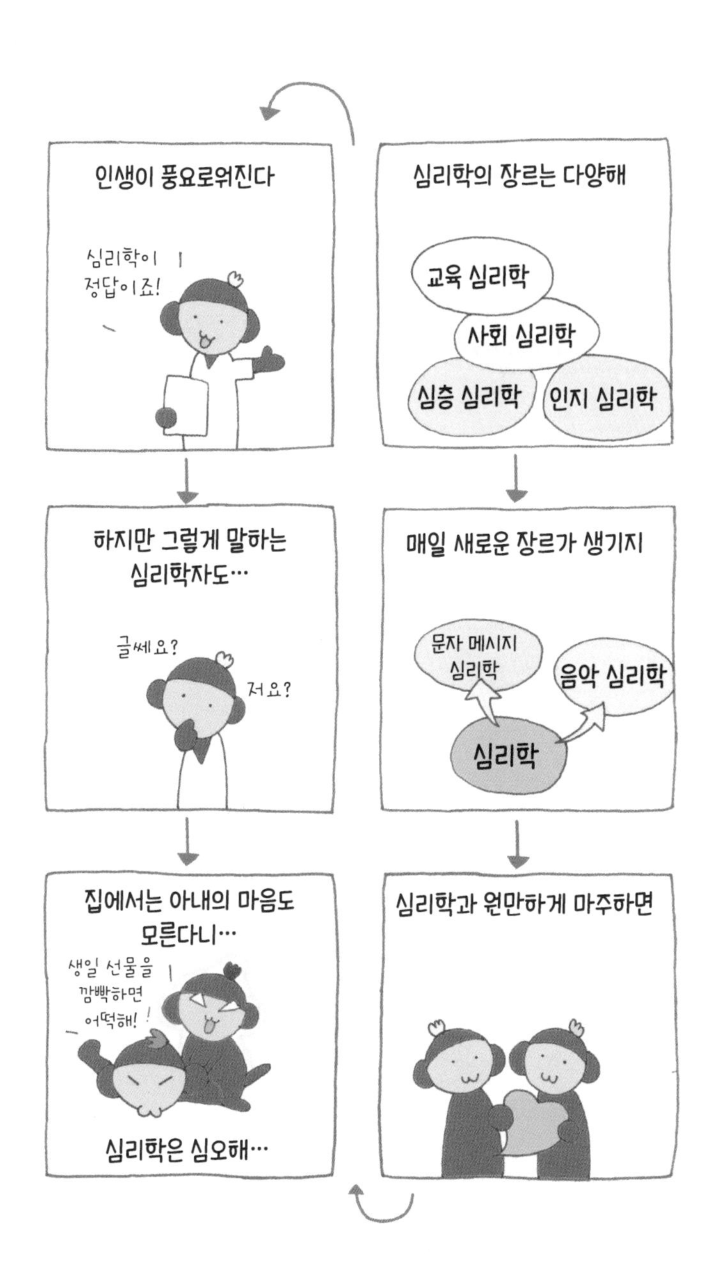

심리학의 장르는 다양해
교육 심리학
사회 심리학
심층 심리학
인지 심리학
매일 새로운 장르가 생기지
문자 메시지 심리학
음악 심리학
심리학
심리학과 원만하게 마주하면
인생이 풍요로워진다
심리학이 정답이죠!
하지만 그렇게 말하는 심리학자도…
글쎄요?
저요?
집에서는 아내의 마음도 모른다니…
생일 선물을 깜빡하면 어떡해!
심리학은 심오해…

자기 자신도 모르는 진짜 나

(심층 심리학과 성격 심리학 편)

제1장에서는 다양한 각도에서 자신의 심층 심리를 분석하고, 성격과 감정에 대해 파헤쳐 보자. 내면을 들여다보면 자신도 모르는 진짜 나를 발견하게 된다. 나의 본모습과 마음을 마주하는 건 매우 흥미로운 일이다.

꿈이 알려주는 진짜 나
- 꿈을 꾸는 날과 꾸지 않는 날 -

'꿈을 꾼 날'과 '꿈을 꾸지 않은 날'이 있다. 꿈의 내용도 각지각색이다. 결말이 제대로 맺어진 꿈도 있고, 의미나 진행이 뒤죽박죽인 꿈도 있다. 몇 년 동안 만나지 못했던 사람이 꿈에 갑자기 나타나기도 한다. 세세한 내용까지 기억나기도 하고, 단편적 장면만 떠오르기도 한다. 왜 이런 꿈을 꾸는 걸까?

잠을 자는 동안, 뇌와 몸이 쉬고 있는 상태(비렘수면)와 뇌가 활동하고 있는 상태(렘수면)가 교차해서 나타난다. 우리는 뇌가 활동하고 있는 상태일 때 주로 꿈을 꾼다고 한다(최근에는 뇌가 쉬고 있을 때도 꿈을 꾼다는 사실이 밝혀졌다). 정신분석학자 프로이트에 따르면, 인간은 마음 깊은 곳에 소망을 지니고 있는데 각성 상태에서는 의식이 소망을 억제한다고 한다. 그러다 수면 상태가 되면 제어가 느슨해져 마음 깊은 곳에 있는 소망이 영상화된다. 그게 꿈이다.

누구나 매일 꿈을 꾼다. 꿈을 꾸지 않는 것은 정확히 표현하면 기억하지 못하는 것뿐이다. 인간은 하루 평균 4~5편, 일 년이면 1300여 편의 꿈을 꾼다. 인간이 평생 꾸는 꿈은 10만 여 편에 이른다. 제어가 느슨해졌다고 해서 아예 제어하지 않는 것은 아니므로 자기방어로 인해 자신에게 불리한 상황은 잊어버린다. 이게 기억하지 못하는 꿈이다. 꿈을 거의 꾸지 않는다고 말하는 사람은 어쩌면 매일 밤 악몽을 꾸고 있는 건지도 모른다.

꿈을 꾸지 않는 게 아니라
?
기억하지 못할 뿐
인간은 하루에
4~5편의 꿈을 꾸지
평생 10만여 편의 꿈을 꾸는데
그중 9만5천 편 정도는 잊어버려
그래서 어쩔 수 없이
고객과의 약속을
잊어버렸다고?
넵!
부장
부장
?
넹?
나가!

꿈이 알려주는 진짜 나
- 사람은 왜 꿈을 꿀까? -

그렇다면, 소망이 영상화되는 이유는 무엇일까? 인간이 꿈을 꾸는 이유는 아직 명확히 밝혀지지 않았다. 그 이유에 대해 다양한 견해가 있고 지금도 논의가 활발히 전개되고 있다. 꿈의 메커니즘에 대한 연구는 아직 진행 중이다.

유력한 견해는 다음과 같다. 평소 이루지 못한 소망을 꿈으로 꾸면, 꿈을 이룬 것 같은 기분이 들면서 욕구 불만이 해소된다. 소망을 마음속에 담아두면 스트레스가 되기 때문에 꿈은 이를 발산시켜 마음을 안정시키기 위한 시스템이라는 것이다. 실제로 꿈을 꾸는 시간에 수면이 방해받으면 공격적 성격이 되거나 감정이 불안해진다.

이외에도 꿈이 각성 시 수집한 정보를 '필요한 것'과 '불필요한 것'으로 선별해 정리하고 뇌에 기억시키는 시스템이라는 견해도 있다. 꿈속에서 고민하던 문제를 해결하는 사례도 있다. 어느 수학자는 자는 동안 난해한 문제를 푼다고 한다. 또, 꿈은 체내의 위험을 알려주기도 한다. 협심증을 앓고 있는 사람이 자각 증상이 나타나기 전에 가슴이 무언가에 의해 조여지는 꿈을 꾸었다는 보고도 있다. 그러므로 꿈은 매우 중요하다.

꿈은 인간에게만 나타나는 현상이 아니다. 다른 포유류나 조류도 꿈을 꾼다. 개를 키운다면 반려견이 자면서 끙끙대는 장면을 목격한 적이 있을 것이다. 평소 배불리 먹을 수 없는 육포가 산더미처럼 쌓여있는 꿈을 꾸며 안정을 취하고 있는 걸지도 모른다. 꿈을 꾸고 있는 것 같으면 가만히 내버려 두자.

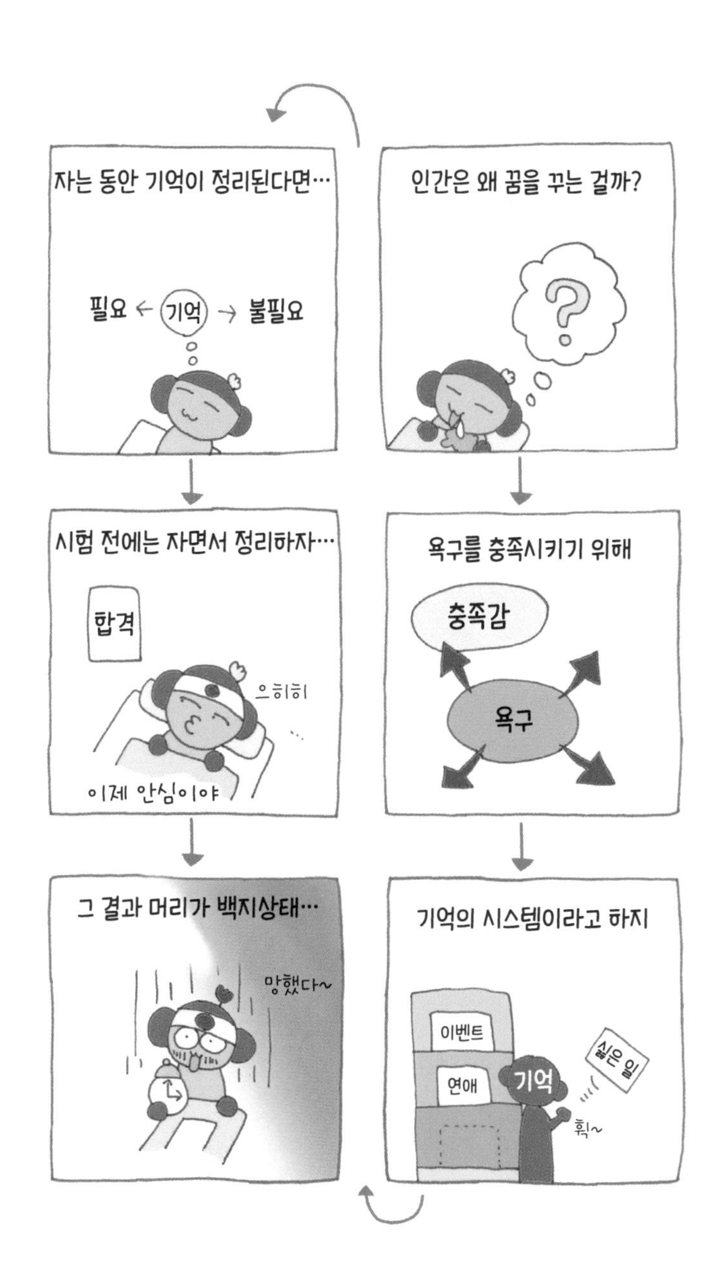

인간은 왜 꿈을 꾸는 걸까?
?
욕구를 충족시키기 위해
충족감
욕구
기억의 시스템이라고 하지
이벤트
연애
기억
싫은 일
휙~
자는 동안 기억이 정리된다면…
필요 ← 기억 → 불필요
시험 전에는 자면서 정리하자…
합격
으히히
이제 안심이야
그 결과 머리가 백지상태…
망했다~

꿈이 알려주는 진짜 나
- 자각몽 -

대부분 말도 안 되는 내용의 꿈을 꾸면서도 꿈이라고 알아채지 못하다가 잠에서 깨고 나서야 꿈이었다는 것을 깨닫는다. 하지만 꿈속에서 꿈을 꾸고 있다고 느낄 때가 있다. 이를 '자각몽'이라고 한다. 수면 중에 언어나 운동을 관장하는 뇌의 부분이 반 각성 상태가 되면서 나타나는 현상이다. 자각몽을 꾸는 사람은 소수지만, 전문가의 견해에 따르면 일반인도 훈련을 통해 자각몽을 꿀 수 있다. 자각몽은 꿈속에서 스스로 이야기를 제어해 원하는 대로 조정할 수 있는 놀라운 능력이다.

꿈은 '이룰 수 없는 소망을 실현함으로써 욕구를 해결하는 장치'인데 자각몽을 꾼다면 표층 의식에서 항상 소망을 실현할 수 있다. 실제로 자각몽을 꾼 사람들은 행복과 만족감을 만끽했다고 이야기한다. 평소 '나는 꿈을 꾸는 나를 자각한다.'며 자기암시를 걸어 의식을 단단하게 붙잡아 두거나, 꾸었던 꿈을 일기장에 적는 것도 훈련 방법이다. 자각몽을 전문으로 연구하는 기관과 연구자도 많고, 관련 서적도 많으니 관심이 있는 분들은 읽어보길 바란다. 하지만 과학적인 접근이 아니라 영적으로 접근한 경우도 있으니, 책을 고를 때 주의해야 한다.

필자도 자각몽을 경험한 적이 있다. 무난한 꿈을 꿀 때 꿈이라는 사실을 깨달았다. 첫 번째 자각몽은 하늘을 날고 싶다는 마음에 양팔을 퍼덕거리자, 자연스럽게 날아오르며 신비로운 행복감을 느꼈다. 하지만 두 번째부터는 마음대로 되지 않았고 간파한 순간 잠에서 깨어났다. 꿈을 제어하는 건 상당히 어려운 일이다.

꿈이란 사실을 깨닫는 꿈을 '자각몽' 이라고 부른대
응
너희들은 어떤 자각몽을 꾸고 싶어?
계속 게임만 하는 꿈
그렇구나!
난 맛난 거 잔뜩 먹는 꿈
그래
그래
너는?
자는 꿈!

꿈이 알려주는 진짜 나
- 꿈과 색채, 남녀 간 꿈의 차이 -

■ **꿈과 색채**

꿈의 색채가 컬러인지 흑백인지에 대한 논쟁이 뜨겁다. 최근 연구에서는 꿈은 통상적으로 컬러라고 한다. 컬러 TV와 관련 있다는 의견도 있지만, 신빙성은 떨어진다.

필자는 꿈은 기본적으로 컬러라고 생각한다. 일상생활에서 눈에 보이는 것을 컬러라고 인식하며 생활하는 사람은 많지 않다. 여러 색이 눈에 들어오지만, 일일이 이건 '빨강' 이건 '파랑'이라고 인식하지 않고 그냥 수용할 뿐이다. 마찬가지로 꿈도 집중하고 꾸는 게 아니기 때문에 컬러라고 인식하지 않는 게 아닐까? 화가나 디자이너처럼 색과 관련된 일에 종사하는 사람들이 컬러 꿈을 꾸었다고 증언한 점으로 보아, 인식의 차이라고 생각한다.

■ **남녀 간 꿈의 차이**

심리학자 캘빈 S. 홀과 로버트 L. 반 드 캐슬은 1,000여 편의 꿈을 연구해 꿈에 남녀 차이가 있는지 분석했다. 그 결과, 남성의 꿈은 적대적 등장인물이 많은 것과 반해, 여성의 꿈에는 우호적인 등장인물이 많았다. 또 여성은 가정이나 가족과 관련된 꿈을 꾸는 데 반해, 남성은 특별히 의식하지 않으면 가정과 관련된 꿈은 꾸지 않았다. 여성은 쇼핑하거나 친구들과 만나는 등 일상적인 꿈을 꾸는 데 반해, 남성은 모험과 여행 관련 꿈을 꾸었다. 두드러진 차이는 큰 병에 걸렸을 때의 꿈이다. 남성은 단도직입적으로 죽는 꿈을 꾸며 공포를 느끼는 사례가 많았다. 그러나 여성은 친구와 결별하는 등 사람과의 연결고리가 끊어지는 꿈을 꾸었다고 한다.

꿈에는 남녀 차이가 있어
꿈
남성
여성
남성은 모험을 통해
영웅이 되는 꿈을
가랏! 네로
진심?
여성은 친구나 가족과 관련된
꿈을 많이 꾸지
아 진짜?
웅
남성은 공상적
여성은 일상적인 꿈…
공상
일상
남성
여성
그럼 트랜스 젠더가
꾸는 꿈은…
화장 지우는 거
깜빡했네.
공상적이며 일상적인 꿈?
1,580원입니뿌우우!
바오밥 슈퍼
새근
새근

꿈이 알려주는 진짜 나
- 꿈의 종류와 심층 심리 ① -

꿈에 담겨있는 메시지는 다양하다. 간절히 바라는 소망이나 몸이 보내는 신호. 이외에도 제각각의 이유를 가진 메시지들이 있다. 또한, 꿈을 꾸었을 때의 감정에 따라서도 달라진다. 그래서 꿈에 담긴 메시지를 정확히 판별할 수 있는 공식은 존재하지 않고, 일반인이 판단하기는 더욱 어렵다. 하지만 몇몇 꿈에는 경향이 있다고 한다. 아래에 심리학자들과 수면 연구자들이 연구한 몇 가지 꿈의 진단 결과를 소개한다. 진단 결과는 연구자에 따라 해석도 다르고 복잡하게 얽혀있기 때문에 100% 그대로 받아들일 필요는 없다. 자신의 마음을 바라보는 하나의 참고 자료로 활용했으면 한다.

꿈을 진단하기 위해서는 침대 가까이에 메모 용지를 두고 잠에서 깨어났을 때 잊어버리기 전에 꿈을 기록해야 한다. 꿈은 시간이 지나면 빠르게 기억에서 사라진다. 꿈의 상황과 장면, 그때 무엇을 했는지 어떤 기분이 들었는지 기록하면 유용하다. 마음은 꿈을 통해 나에게 무엇을 전달하려 한 것일까?

■ **떨어지는 꿈**

떨어지는 꿈은 불안이나 공포와 관련 있다고 한다. 실제로 떨어지면서 느끼는 감정은 아픔이 아니라 공포다. 업무 실수나 실연, 혹은 미래에 대한 막연한 불안함 때문에 꾸기도 한다. 떨어지는 도중에 '이건 꿈이야'라고 알아채기도 하고, 중간에 다리를 움찔해 깨기도 한다. 떨어지는 꿈을 꾸면 나쁜 일이 생기지 않을까 걱정되지만, 꿈속에서 떨어지면서 다시 정신의 균형을 잡는 것이라는 해석도 있다. 다시 말해, 자신을 돌아보는 경고 신호일지 모른다.

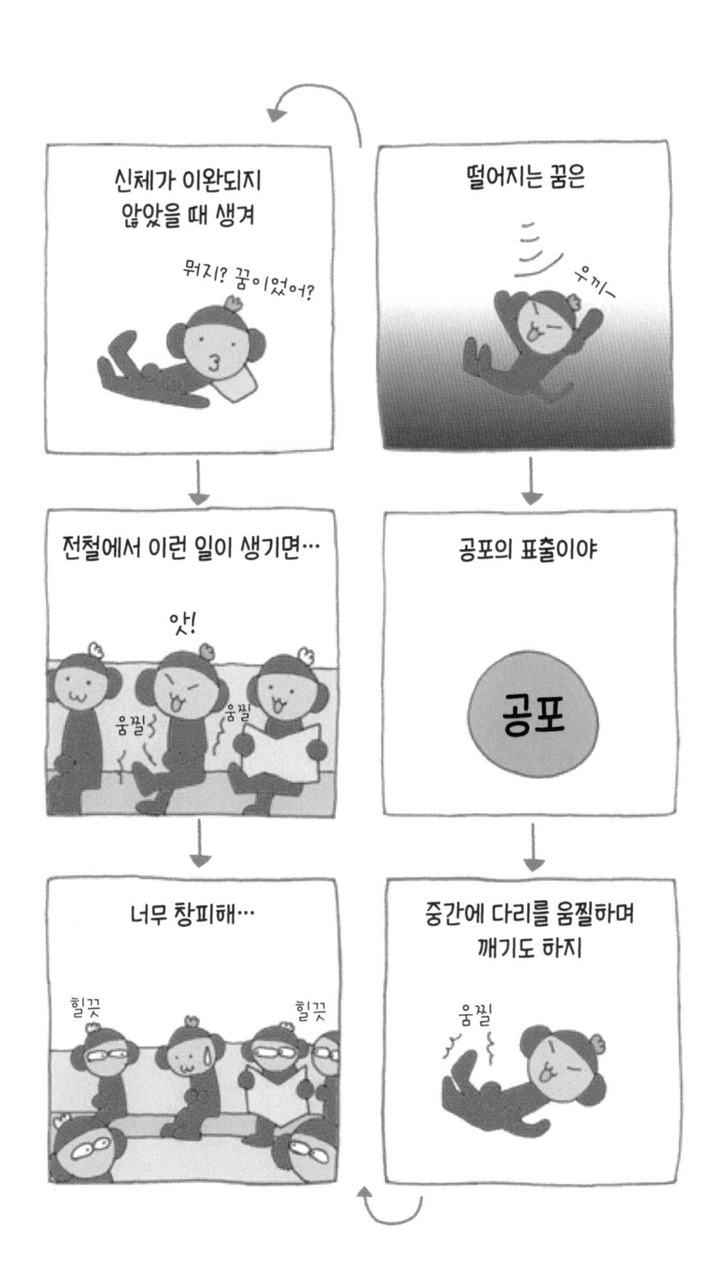

떨어지는 꿈은
우끼-
공포의 표출이야
공포
중간에 다리를 움찔하며
깨기도 하지
움찔
신체가 이완되지
않았을 때 생겨
뭐지? 꿈이었어?
전철에서 이런 일이 생기면…
앗!
움찔
움찔
너무 창피해…
힐끗
힐끗

꿈이 알려주는 진짜 나
- 꿈의 종류와 심층 심리 ② -

■ 하늘을 나는 꿈

하늘을 나는 꿈은 일이 성공하거나 사랑이 맺어졌을 때처럼 어떤 일을 성취했을 때 많이 꾼다. 새로운 목표를 설정한 경우에도 꾼다. 한 심리학자는 현실에서 도피하고 싶은 욕구가 반영된 것이라고 해석하기도 한다. '하고 싶다'라는 마음이 '하늘을 나는' 행동으로 표출된 것이라는 이야기다. 하늘을 나는 꿈을 꾸었는데 짐작 가는 일이 없으면 일상생활에 지친 내 마음이 하고 싶은 일이 있다고 신호를 보낸 걸지도 모른다. 하늘을 나는 꿈이 매우 현실적이라 진짜 날 수 있다고 착각해 다친 사람도 있다. 말도 안 된다며 웃어넘길 수도 있지만, 누구에게나 일어날 수 있는 일이므로 현실과 꿈을 혼동하지 않도록 주의해야 한다.

■ 쫓기는 꿈

누군가에게 쫓기는 꿈은 불안과 갈등에 부딪혀 곤경에 빠졌을 때 자주 꾼다. 빽빽한 일정에 허둥대는 회사원이 쫓기는 꿈을 꾸는 일은 흔하다. 단순히 강한 불안을 느낄 때뿐 아니라 불안, 흥미, 기대감이 합쳐진 경우에도 꾸고, 개인적 환경이 바뀌었을 때나 책임 있는 일을 맡았을 때도 꾼다. 정체불명의 사람에게 쫓기면 무섭다는 감각과 함께 정체를 확인하고 싶은 마음이 든다고 한다. 심리학자들은 어릴 적 공포체험이나 잠재적 공포체험과 관련이 있다고 지적한다.

하늘을 나는 꿈은
새로운 일에 도전하거나
하고 싶은 일이 생기면
자주 꾸는 꿈이야
내일부터 다이어트 시작!
하늘을 나는 꿈을 꾸고 나서
웬숭아!
같이 날자!
좋아!
침대에서 떨어졌어
철퍼덕
허-걱
그건 그냥 몸 개그죠

꿈이 알려주는 진짜 나
- 꿈의 종류와 심층 심리 ③ -

■ 시험 보는 꿈

시험 보는 꿈은 하는 일이 잘 풀리지 않아서 불안할 때 자주 꾼다. 시험을 앞두고 공부를 열심히 하지 않았다면 잠재의식이 열심히 하라고 신호를 보낸 건지도 모른다. 또, 불안하지 않은데 이런 꿈을 꾸는 건 실수하지 말라는 경고로 해석하고 빠진 건 없는지 다시 공부해서 확인하면 좋을 것이다. 반대로 시험을 잘 보는 꿈을 꾸고, 자신감이 생겨 당당하게 합격한 사례도 있다.

■ 포옹 받는 꿈/안기는 꿈

포옹 받는 꿈은 내 편이 가까이에 있다는 사실을 재확인하기 위해 꾸는 경우가 많다. 동경하는 사람에게 안기고 싶다는 소망에서 발현되기도 한다. 여성의 경우 남성보다 사람과의 유대관계를 중요하게 생각하는 경우가 많다. 또, 포옹 받는 행위를 통해 유대를 확인하는 경우도 많다. 그래서 포옹 받는 꿈은 확실히 남녀 차이가 있다. 남성은 거의 꾸지 않지만, 상당수의 여성은 꾼 경험이 있을 것이다.

■ 화장실을 찾는 꿈

화장실에 가고 싶은 게 아닌데, 화장실을 찾는 꿈을 꾸는 경우가 있다. 이런 꿈을 꾸는 사람의 대부분은 자기 생각을 표현하지 못하고 마음속에 담아둔다. 하고 싶은 말을 하지 못하는 스트레스가 화장실을 찾는 행위로 이어지는 것이다.

공부를 못했는데,
꿈을 꾸고 열심히 공부해서
파이팅!!
합격했다~
해냈다!
이것도 꿈이었다…
이봐!
학생!
시험 보는 꿈은
예상이 빗나갔어…
불안을 상징할 뿐 아니라
불안
불안
불안
불안
잠재의식이 보내는
충고일지도 몰라
더 공부하자.
빼먹은 건 없나?
틀린 건 없어?
마음속

꿈이 알려주는 진짜 나
- 꿈의 종류와 심층 심리 ④ -

■ 임신한 꿈/임신을 암시하는 꿈

임신하지 않았는데도 임신한 꿈을 꾸는 여성이 있다. 임신을 원하는 여성과 그렇지 않은 여성 모두 이런 꿈을 꾼다. 임신에 대한 소망과 거절이 꿈으로 표출된 것이다. 꿈은 임신의 징조를 이른 시기에 알려준다. 150명 이상의 임산부의 꿈을 연구한 미국의 심리학자는 특별한 꿈은 아니지만, 여성에 따라서는 임신 초기에 밭에 씨를 뿌리는 꿈이나 작은 물고기, 강, 바다 등 물과 연관된 꿈을 꾼다고 말한다. 이는 양수와 관련된 것으로 추측한다.

■ 병에 걸리거나 다치는 꿈/병을 암시하는 꿈

병에 걸리거나 다치는 꿈은 심신의 균형이 깨졌을 때 나타나는 꿈으로 알려져 있다. 본인이 알아채지 못한 병을 마음속에 있는 심층 심리가 경고한 것으로 이 경우 직접적으로 나타나지 않는 경우가 많다.

오랜 기간 꿈을 연구해 온 로잘린드 카트라이트 박사는 흥미로운 사례를 소개했다. 한 남성이 석탄이 목을 통과하며 타들어 가는 감각을 느낀 꿈을 꾸었다. 암이라고 확신한 남성은 병원을 찾아가 검사를 받았지만, 결과는 음성이었다. 남성은 얼마 지나지 않아 목에 바늘이 꽂히는 꿈도 꾸었다. 몇 주 후 그의 목에 멍울이 생겼고, 갑상샘암 진단을 받았다. 검사를 해도 발견하기 어려운 초기 암을 몸이 감지하고, 꿈을 매개로 알려준 건지 모른다. 꿈에 민감해지면 몸이 보내는 위험신호를 조기에 파악할 수 있다.

꿈은 몸의 위험을
암시하기도 해
꿈
위험
예를 들어, 목에 이질감을
느끼는 꿈을 꾼 사람은
뭐지?
얼마 후 목에서 암을 발견했어
목에 뭐가
보이네요.
그러니까 이런 꿈을 꾸면…
아이고,
갇혀버렸네~
위험을 경고하는 걸지도
입술 자국?!
몰라…
난 손오공이다~
이 바람
둥이가!!

꿈이 알려주는 진짜 나
- 꿈의 종류와 심층 심리 ⑤ -

■ **죽는 꿈**

죽는 꿈이 불길하다고 여길 수 있지만, 그렇지 않다. 심리학자들은 죽는 꿈을 '재생'으로 해석하고 새로운 무언가를 시작할 때나 시작하고 싶을 때 이런 꿈을 꾼다고 말한다. 특히 사춘기 청소년은 아동에서 벗어난다는 의미로 어른이 되는 통과의례처럼 자신이 죽는 꿈을 자주 꾼다.

■ **싸우는 꿈**

꿈에서 싸움이 일어났을 때, 상대방과 감정 상태에 따라서 다르기도 하지만 갈등 대상은 자신인 경우가 많다. 누구와 싸우더라도 상대는 내 분신이다. 마음에 갈등이 생기면, 내 자신과 싸워 상황을 수습하려 한다. 불만이 있을 때도 그것을 발산하기 위해 싸우는 꿈을 꾼다.

■ **부끄러운 꿈**

실수로 이성의 화장실에 들어가거나, 누군가에게 알몸을 보여주는 꿈 등이 있다. 첫 데이트나 면접 등 자신을 드러내야 하는 상황에 불안을 느끼는 경우 이런 꿈을 꾼다.

■ **병원에 가는 꿈**

병원에서 치료받는 꿈은 누군가에게 기대고 싶은 마음의 표현이다. 입원하는 꿈은 업무 스트레스가 쌓였을 때, 현실에서 도피하고자 하는 소망의 표출이다. 신체에 이상을 느낀 심층 심리가 경고를 보낸 걸 수도 있다.

죽는 꿈은
불길한 꿈이 아니라
불길
재생을 의미하는 경우가 많아
끝 → 새로운 시작
사춘기 청소년이 자주 꾸는 것도
아이 졸업 → 어른 입학
불길하다고 생각할 필요가 없어
아~ 그렇구나!
잘 됐다~
넌 꿈이 아니잖아!

성격이란 무엇일까?
- 성격을 심리학적으로 해석하면 -

우리는 '저 사람은 성격이 좋아' '알기 쉬운 성격이야'라는 표현을 자주 쓴다. 그렇다면 '성격'이란 무엇일까? 대부분 어렴풋하게 알고는 있지만, 제대로 대답할 수 있는 사람은 적다. 심리학적으로 정의한 '성격'은 다소 난해하다. 연구자에 따라 내리는 정의도 제각각이다. 대강 정리하면, 한 인간을 상징하는 말과 행동의 경향이라 할 수 있겠다. 성격이 좋다는 것은 일관되고 올바른 사고, 말과 행동 패턴을 가지고 있다는 뜻이다. 알기 쉬운 성격이란 다음 행동이 어떨지 쉽게 읽히는 행동 패턴을 가지고 있다는 것이다.

심리학자들은 성격을 몇 가지 유형으로 분류해서 연구했다. 그 중 독일의 정신의학자 에른스트 크레치머의 체형과 성격 연구가 유명하다. 그는 체형을 세 가지로 분류하고 성격 특성을 아래와 같이 분석했다.

■ **마른형**

소극적이다. 신경질적이고 민감한 부분과 상대의 기분을 알아채지 못하는 둔감한 부분이 공존한다.

■ **비만형**

사교적이지만, 조울(활발함과 우울함이 교차) 성향이 있다. 감정 기복이 심하다.

■ **투사형(근골형)**

조용하고 꼼꼼하다. 갑자기 화를 내기도 한다.

성격이란 무엇일까?
다혈질
온화
성격이 좋다는 건
앗!
좋은 행동 패턴을 가졌다는 뜻
미안하구먼~
아니에요
일을 잘하거나
키가 큰 건?
그건 성격이
아니지
그렇군
뭐, 난 성격도 좋고
키도 크지만
그걸 본인 입으로?
말도 안 돼

혈액형 A형은 정말로 꼼꼼할까?

- 혈액형과 성격/탄생의 역사 -

A형은 꼼꼼하고, B형은 독불장군이며, O형은 낙천적이고, B형은 독특하다. 누구나 알고 있는 혈액형에 따른 성격 진단이다. 하지만 들어가기 앞서 안타까운 소식을 전한다. 혈액형과 성격에 관한 과학적 근거는 없고 오히려 관련성을 부정하는 데이터만 발표되었다. 혈액에 성격을 좌우하는 인자는 없다. 의학적으로 혈액형 성격 진단은 근거가 없는 데이터다.

"잠깐만요. 근데 저는 조금 맞는 것 같아요. 가족들도 혈액형 성격 그대로거든요."라고 의아해하는 독자도 많을 것이다. 그렇다면 이 수수께끼를 풀기 전에, 혈액형과 성격의 역사를 되짚어 보자.

ABO식 혈액형과 성격을 처음으로 연관 지은 나라는 일본이다. 1910년경 ABO식 혈액형이 발견되고 몇 년 후, 일본인 의사가 혈액형과 성격의 관계를 다룬 논문을 발표했다. 1920년대에는 군의관이 혈액형과 계급, 징계에 대해 연구했다. 비슷한 시기에 교육학자 후루카와 다케지(古川竹二) 교수가 혈액형과 기질에 관한 연구 내용을 발표했고, 이것이 화제를 모으며 이력서에 혈액형 기입란까지 추가되었다. 하지만 이후 연구 결과를 부정하는 조사 보고가 발표되었고, 점차 혈액형과 성격의 관계는 기억에서 사라졌다. 그러다 1970년대 혈액형에 관한 책이 발표되면서 또다시 혈액형 성격 진단 열풍이 불었다. 대중 매체가 흥밋거리로 다루면서 그 열풍은 현재까지 이어져 오고 있다. 하지만 혈액형 진단은 사람에 대한 선입관과 차별을 가져올 수 있다.

혈액형 성격 진단은
A
B
O
AB
과학적 근거가 없어
없어요!
의학적으로도 인정받지 못했지
관계없어요!
심리학적으로도 관련성이 없어
관련성을 찾을 수 없어요!
거짓말~
허걱
허걱
말도 안 돼!
이건 도대체 뭐였던 거야~!
우리들의 아침을 돌려줘!
1위는 A형
소중한 내 3분이!

혈액형 A형은 진짜 꼼꼼할까?
- 혈액형과 성격/진단이 확산된 이유 -

그렇다면 왜 혈액형에 따른 성격 진단이 맞아 들어간다고 느낀 걸까? 널리 퍼진 이유를 심리학적으로 파헤쳐 보자.

1. 애매한 진단 결과

당연한 말이지만 결과가 틀리다면 진단은 퍼지지 않는다. 그렇다면 왜 결과가 들어맞는 걸까? 진단 결과의 서술 형식에 그 답이 있다. 어느 정도 차이는 있지만 'A형은 꼼꼼하다', 'O형은 낙천가이다'와 같이 대부분 일반적 특성을 서술하고 있다. 이외에도 A형의 특성을 나열한 것을 살펴보면 '평탄한 인간관계를 바란다.'가 있다. 평탄한 인간관계를 바라지 않는 사람은 거의 없다. 따라서 성격 진단이 서술하는 특성들 중 하나는 맞아 들어간다.

2. 진단 내용에 자신을 끼워 맞추는 경향

AB형은 '독특한 발상의 소유자'라고 한다. 어떤 사람은 이러한 결과가 들어맞지 않아도 특별히 기분이 나쁘지 않고, 동시에 본인이 그래야만 할 것 같아 스스로 독특한 인간이 되려고 노력한다. 이처럼 진단 결과에 자진해서 다가가는 것을 심리학에서는 '자기 충족적 예언'이라고 한다.

3. 혈액형 성격 진단은 편리한 의사소통 도구

이보다 더 편리한 도구는 없다. 네 가지 유형이라 외우기 쉽고, 궁합도 자세히 기술되어 있어 첫 만남에서 좋은 이야깃거리가 된다. 이런 주제는 회사 동료나 친구들과의 대화를 더욱 풍부하게 만들어 준다. 특히 혈액형 진단을 믿는 사람은 사회적 외향성이 높다. 잡지나 TV의 영향도 큰 것으로 보인다.

혈액형 진단은
왜 퍼지게 되었을까?
몽순이
B형이래
그럴 줄
알았어
내용이 일반적이어서
모두에게 해당하거나
내용에 자신을
끼워 맞추려 해서!
나는 O형이라
낙천적이야!
나라별로
혈액형 비율도 달라서
[%]
A O B AB
일본 38 31 22 9
페루 19 71 9 1
특별히 성격과 상관없어
그만둬–
제발 부탁이야!
부장님은 A형이니까
바른생활 사나이시네요
으아~
이야깃거리가
사라지잖아~

진단 효과를 믿는 심리: 바넘 효과

- 왜 인간은 성격 진단이나 점괘를 믿을까? -

혈액형 성격 진단처럼 누구에게나 해당하는 보편적 내용이 자신에게만 해당한다고 믿는 심리 현상을 '바넘 효과(Barnum effect)'라고 한다. 그 효과는 엄청나다. A형 성격을 기술한 내용을 그대로 B형에게 'B형 성격'이라며 보여 주었더니, 약 90%의 사람이 수긍했다는 실험 결과가 있다. "타인이 당신을 좋아하기를 바란다.", "당신은 로맨틱하다."는 말을 들으면 "아니요.", "애매한 표현이네요."라며 부정하지 않고, 대부분 "맞아요."라며 수긍한다.

성격 진단뿐 아니라, 점괘를 믿는 현상도 바넘 효과다. 특히 점술사가 유명한 상대라면 그 효과는 절대적이고 설득력 있게 다가온다. 의외로 난이도가 낮은 기술이기 때문에 악용하는 사람도 많다. "당신에게 과거 친인척이나 친구의 죽음으로 인한 마음의 상처가 있군요."라는 말을 들었다고 하자. 20, 30대라면 적어도 한두 사람은 친인척이나 친구의 죽음을 경험했을 터이고 죽음이 어떠한 형태로든 상처로 남았을 것이다.

또 사람은 특정 집단에 속한 사람을 특정 성질로 인식하는 경향이 있다. 유사한 이미지가 있으니까, 동일한 성격의 소유자라고 믿어 버린다. '일본 사람은 성실하다.', '영국 사람은 젠틀하다.' 와 같은 분류는 약간 억지스럽지만 이에 수긍하고 믿어버린다.

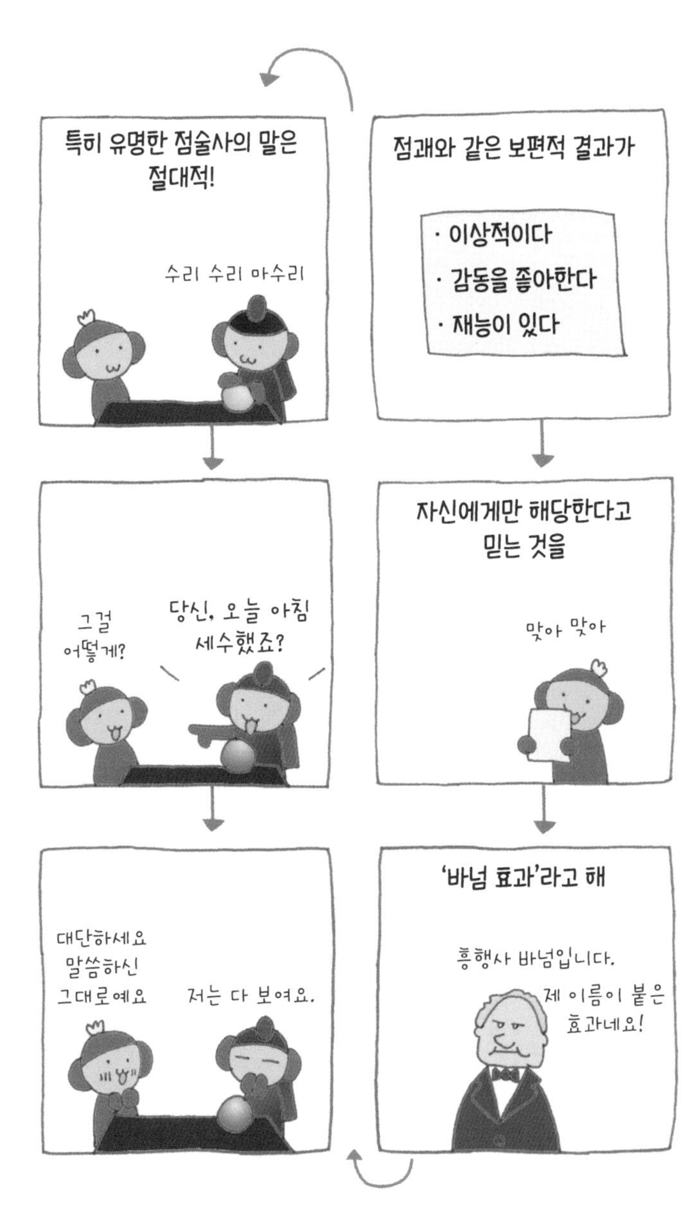

특히 유명한 점술사의 말은 절대적!
수리 수리 마수리
그걸 어떻게?
당신, 오늘 아침 세수했죠?
대단하세요 말씀하신 그대로예요
저는 다 보여요.
점괘와 같은 보편적 결과가
· 이상적이다
· 감동을 좋아한다
· 재능이 있다
자신에게만 해당한다고 믿는 것을
맞아 맞아
'바넘 효과'라고 해
흥행사 바넘입니다.
제 이름이 붙은 효과네요!

필체로 알 수 있는 성격
- 필체에 나타나는 인간의 심층 심리 -

필체는 말과 마찬가지로 인간의 '행동' 중 하나다. 필체에는 성격이 나타나므로 자신도 모르는 성격을 엿볼 수 있다. '口(입구)' 라는 간단한 한자를 쓰는 방법을 두고 살펴보자. 앞 장의 '바넘 효과'를 염두에 두고 '맞는다.' '안 맞는다.'에 사로잡히지 말고, 자신을 발견하는 하나의 도구로 삼길 바란다.

'口(입구)' 필체로 알 수 있는 성격

세로와 가로선의 이음새를 빈틈없이 연결한 사람은 성실하고 꼼꼼한 유형이다. 타협하지 않는다.

세로와 가로선의 이음새를 띄운 사람은 사교적이고 융통성 있는 유형이다. 협력적이다.

위에서 아래로 퍼지게 쓴 사람은 긍정적이고 난관을 극복하고자 하는 유형이다. 마음 한편에서는 안정을 원한다.

위에서 아래로 좁아지게 쓴 사람은 글자처럼 인생도 불안정하다. 예술적 센스가 있다.

모서리를 90도로 만든 사람은 신중하고 꼼꼼한 유형이다. 규칙을 지켜는 걸 중요하게 여긴다.

모서리를 둥글게 쓴 사람은 유머러스하고 센스가 있는 사람이다. 인간성도 풍부하고 활동적이다.

위아래를 모두 띄어 쓴 사람은 오픈 마인드. 야무지지 못한 면도 있다.

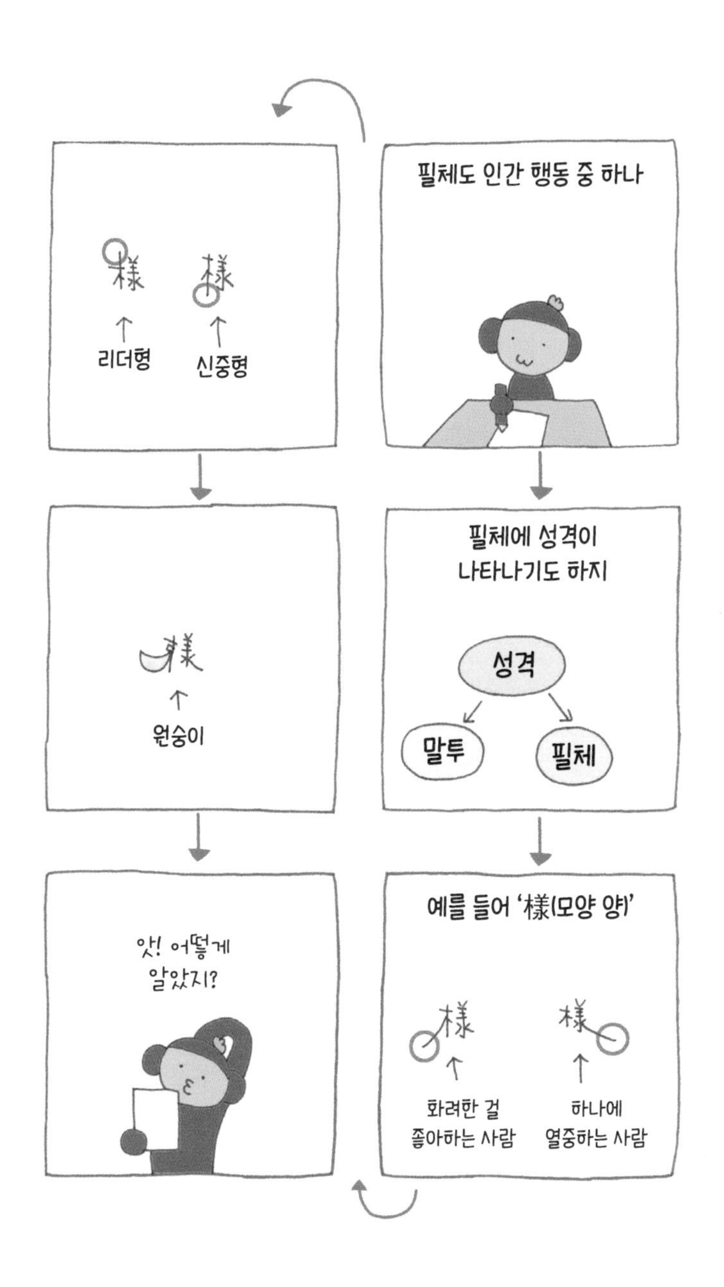
필체도 인간 행동 중 하나
필체에 성격이
나타나기도 하지
성격
말투
필체
예를 들어 '樣(모양 양)'
樣
樣
화려한 걸
좋아하는 사람
하나에
열중하는 사람
樣
樣
리더형
신중형
樣
원숭이
앗! 어떻게
알았지?

나를 파악하는 테스트: '나는 ○○'

- 20답법 'Who am I?' 테스트로 자신이 누군지 파악한다. -

자신을 구체적으로 파악할 수 있는 흥미로운 테스트가 있다. 미국의 심리학자 쿠니와 맥퍼랜드가 고안한 20답법 'Who am I?' 테스트다. 심리학 세계에서는 꽤 유명한 테스트라 알고 있는 사람도 많을 것이다. 아직 도전해 보지 않은 사람은 이번 기회에 도전해 보길 바란다. 테스트에 빠져들수록 자신에 대해 알게 될 것이다. 아래의 '나는'에 이어지는 문장을 머릿속에 떠오른 순서대로 채워보자.

① 나는________________	⑪ 나는________________
② 나는________________	⑫ 나는________________
③ 나는________________	⑬ 나는________________
④ 나는________________	⑭ 나는________________
⑤ 나는________________	⑮ 나는________________
⑥ 나는________________	⑯ 나는________________
⑦ 나는________________	⑰ 나는________________
⑧ 나는________________	⑱ 나는________________
⑨ 나는________________	⑲ 나는________________
⑩ 나는________________	⑳ 나는________________

처음에는 '나는 회사원이다.', '나는 영화를 좋아한다.'처럼 술술 나온다. 하지만 중간부터 좀처럼 생각나지 않는다. 처음에 나온 내용을 보면 현재 자신이 무엇을 강하게 의식하고 있는지, 어떤 지위에 있고 싶어 하는지 파악할 수 있다. 중간부터 무의식적 욕구가 드러나기 때문에 냉정하게 바라보면 흥미로울 것이다.

'Who am I?'
테스트라는 게 있어
엉
테스트
한번 해봐
처음에는 술술 나오지만
나는 원숭이다
나는 바나나를
좋아한다
중간부터 점점 생각나지 않지
나는
목욕하는 걸
싫어한다
나는…
그러면서 마음속에서
신기한 것이
나는…
나는…
떠오르기도…
나는 사이비 수도승,
그리고리 라스푸틴?!
새로운 자신을 발견했다나?
나는 라스푸틴이다
그게 누군데?

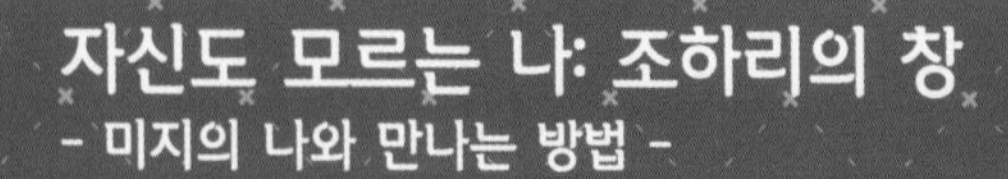

자신도 모르는 나: 조하리의 창

- 미지의 나와 만나는 방법 -

내가 나를 제일 잘 알 것만 같지만 사실 그렇지 않다. '너는 지기 싫어하는 성격이야.'라고 친구에게 듣고 나서야 비로소 본인이 그런 성격이라고 알게 되는 경우도 많다. 이처럼 사람은 타인의 시선으로 바라본 자신의 모습을 통해 새로운 자신을 발견하기도 한다.

아래 표는 미국의 심리학자 조셉 러프트와 해리 잉햄이 고안한 '조하리의 창(Johari's window)'이다. 자기 정보를 네 가지로 분류하고 있다.

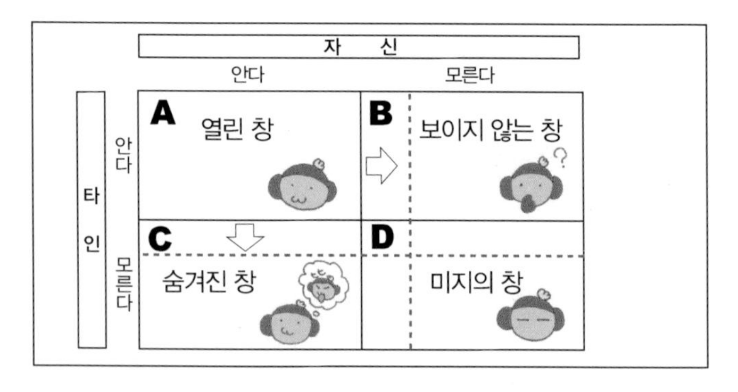

A. 자신도 알고 타인도 아는 개방된 나.

B. 자신은 모르고 타인은 아는 보이지 않는 나.

C. 자신은 알고 타인은 모르는 숨겨진 나.

D. 자신도 타인도 모르는 미지의 나.

자신이 모르는 부분을 타인이 가르쳐 주면 화살표처럼 B 부분이 작아진다. 마찬가지로 타인이 모르는 자신의 부분을 알려주면 C 부분이 작아진다. B와 C가 작아지면 점차 D, 미지의 자신이 작아지면서 잠재적 자신을 알게 된다. 그 결과 A, 개방된 나는 커진다.

조하리의 창
자기
타인
열린 창
보이지 않는 창
숨겨진 창
미지의 창
숨겨진 나를 보여주고,
자! 나를 봐
타인에게 나의 몰랐던 부분을 들으면
아~ 그렇구나
경쟁의식이 꽤 강한 것 같아
개방적 자신이 넓어져 미지의 자신이 드러나지
열린 창
보이지 않는 창
숨겨진 창
미지의 창
그러면서 새로운 나를 발견해
이게 뭐지? 설레이는 이 마음은 뭘까~
모르고 살 걸 그랬나…
옹알옹알

인간은 왜 웃을까?
- 웃음의 메커니즘 -

즐거울 때나 우스꽝스러운 장면을 볼 때 우리는 웃는다. 최근에는 웃으면 면역력이 높아지는 플러스 효과가 주목받고 있다. 인간은 왜 웃는 걸까? 동물 중에는 인간과 일부 원숭이만 웃는다고 알려져 있다. 악어나 닭이 웃는 걸 본 적이 없고, 개구리가 웃는 건 상상이 안 된다. 웃음에는 다양한 종류가 있고 웃음을 둘러싼 의견은 다양하다. 프로이트, 칸트, 앙리 베르그송 같은 심리학자들도 '웃음'의 정체를 고찰했다.

심리학의 범주를 넘어서지만, 여기 흥미로운 견해 하나를 소개한다. 미국의 신경과학자 V · S 라마찬드란은 『뇌가 나의 마음을 만든다(The Emerging Mind)』에서 흥미로운 사실을 기술했다. 경계해야 할 예상외의 상황이 전개됐을 때 지금까지의 상황을 재해석하는 것이 웃음의 핵심이라는 것이다. 예를 들어 갑자기 험상궂은 남자가 앞을 막아서는 상황은 경계해야 할 예상외의 전개다. 바짝 긴장했는데 남자가 씩 웃으며 길을 비켜준다. 안심한 순간, 긴장이 풀려 자신도 모르게 웃게 된다. 지금까지의 긴장은 '오류'라는 신호가 웃음으로 표출된다. 위험을 감지했는데, 재해석하니 '오류'였다는 사실을 알려주기 위해 인간은 웃음을 자연스럽게 체득한 것이라는 견해다.

심리학적 관점에서 '웃음'이라는 행위를 통해 일종의 긴장 상태를 완화하여 균형을 잡으려 한다는 견해로 납득이 간다. '접대성 웃음'도 긴장을 풀어주므로 이에 가까운 행위다.

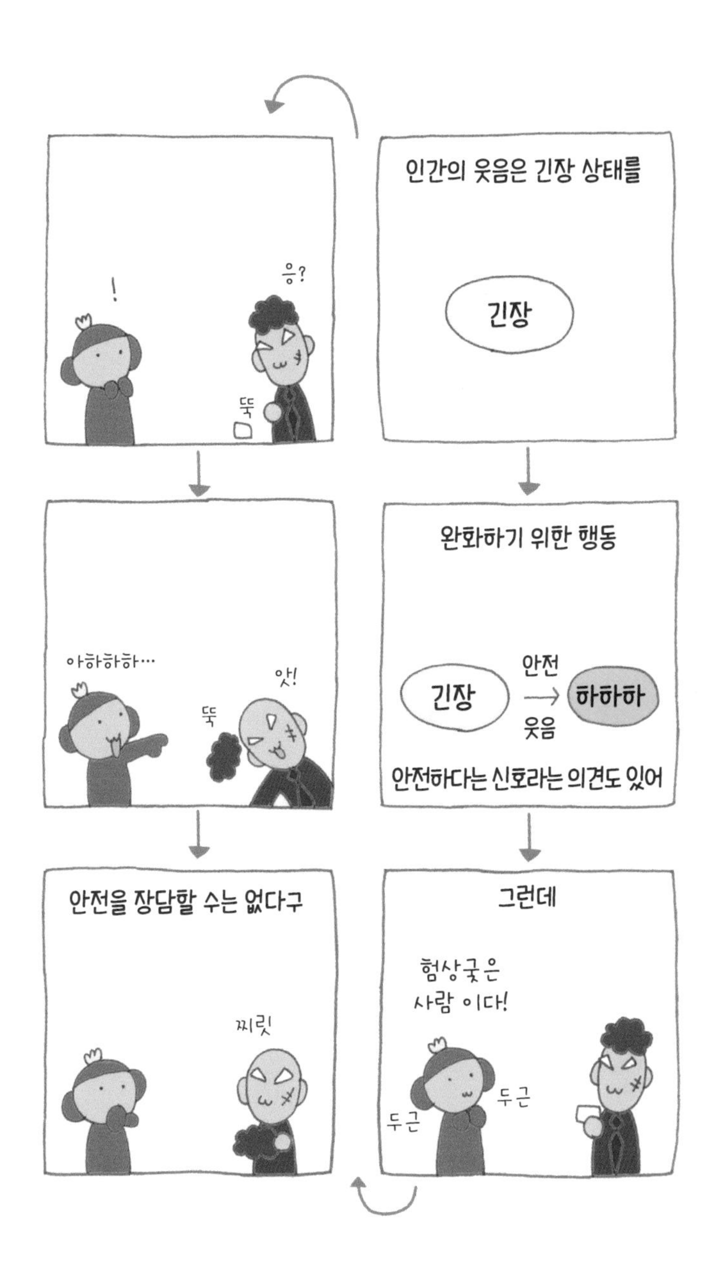

인간의 웃음은 긴장 상태를
긴장
완화하기 위한 행동
긴장
안전
웃음
하하하
안전하다는 신호라는 의견도 있어
그런데
험상궂은 사람 이다!
두근
두근
!
응?
뚝
아하하하…
뚝
앗!
안전을 장담할 수는 없다구
찌릿

그러면 왜 화를 낼까?
- 화의 메커니즘 -

우리는 매일 웃고, 또 화도 낸다. 그렇다면 '분노'라는 감정은 어디에서 오는 걸까? 우리는 행동과 결말을 어느 정도 예측하며 산다. 하지만 제어 불가능한 상황에 빠지면 '불안'과 '공포'를 느낀다. 그리고 방어 반응, 경고 반응이 '분노'라는 감정으로 표출된다. 우리는 음식점에서 요리를 주문하면 얼마 지나지 않아 음식이 나올 것이라고 예상한다. 하지만 30분을 기다려도 음식이 나오지 않았다. 스스로 제어할 수 없는 상황이다. 잊어버린 건 아닌지 불안이 밀려오고, 방어 반응이 커지면서 화가 표출된다. 즉, 화는 자기 마음대로 되지 않을 때 생기는 감정이다.

또 인간에게는 '자아존중감'이라는 스스로 기본적으로 가치 있다고 믿는 감각이 있다. 자존심과는 다른 감각이다. '너는 인간으로서 가치가 없다.' '인간 이하.'라는 말을 들으면 자아존중감에 상처를 입는다. 자아존중감에 상처를 입어도 사람은 화를 낸다. 이는 '자아존중감'을 지키는 행위라 할 수 있다. 자아존중감이 높은 사람은 타인에게 굴욕을 당해도 관대하게 대처한다. 자아존중감이 높기 때문에 타인에게서 어떤 말을 들어도 자신 평가에 영향을 받지 않는다. 하지만 자아존중감이 낮은 사람은 부당한 대접을 받으면 곧바로 화를 낸다. 자아존중감이 낮은 사람은 자기 자신을 존중하지 못하기에 타인으로부터 존중받음으로써 간접적으로 자아존중감을 높이려 한다. 그게 부정당하면 자신을 존중할 수 없게 된다. 냉정하게 자신을 바라보면, 사소한 일에 화내지 않을지 모른다.

피자가 왜 안 나오죠?
벌써 40분이나 지났어요
죄송합니다
바로 나올 거라고 생각하니까 초조한 거야
흠
예상이 빗나가니까 화가 나는 거고
알았어
30분 뒤…
예상 안 한다
왔다!
많이 기다리셨습니다
안 하… 엥?
어? 떨어졌다
!
슝
철퍼덕
@△≈☆
실화

울고 나면 개운해지는 이유
- 눈물을 흘리는 메커니즘 -

인간은 다양한 상황에서 눈물을 흘린다. 왜 우는 걸까? 윌리엄 제임스와 칼 게오르그 랑게는 '슬퍼서 우는 게 아니라, 울어서 슬픈 것이다.'라는 철학적 명언을 남겼다. 이는 '눈물을 흘리는' 생리학적 반응이 '슬픈' 심리적 정서보다 먼저 발동한다는 의미다. 흥미롭게도 사람은 슬플 때만 우는 게 아니라, 기쁠 때에도 운다. 감정에 의해 흘리는 눈물은 자율신경과 밀접하게 연관되어 있다. 기쁠 때나 슬플 때, 감정에 의해 자율신경이 자극받아 흥분상태가 되면 눈물을 흘리게 된다.

윌리엄 프레이 2세 박사는 여성이 우는 이유는 슬퍼서가 50%, 기뻐서가 20%, 화나서가 10%라고 말한다. 여성은 남성보다 자주 우는데 그것은 남녀의 감정 구조가 다르기 때문으로, 여성이 약해서가 아니다. 그러므로 우는 행위를 콤플렉스로 받아들일 필요가 없다.

또 울고 나면 개운해지는 것은 눈물을 통해 스트레스 물질이 체외로 방출되어 스트레스가 완화되기 때문이다. 나아가 눈물의 성분은 우는 순간의 감정에 따라 달라진다. 분노의 눈물은 수분량이 적고 나트륨을 많이 함유하고 있어 짜다. 반대로 슬플 때 흘리는 눈물은 수분량이 많고 짠맛이 약하다고 한다.

울고 나면 개운해지는 건
어라? 울고 나니 시원하네
눈물을 흘리면 스트레스 물질이 몸 밖으로 배출돼서 그래
눈물
스트레스
눈물은 그때그때 감정에 따라 성분이 달라
슬픔의 눈물은 싱겁다
분노의 눈물은 짜다
연애 고수는
으앙~
잠깐 실례~
상대가 흘린 눈물로
흑흑흑
날름
진실을 판단하지
들켰네!
거짓 눈물이잖아!

끈기 있게 지속하지 못하는 심리
- 싫증과 성취감 -

운동, 원격 수업, 다이어트 등 다양한 분야에 흥미를 가지고 시작은 했지만 끈기 있게 지속하지 못하는 사람이 의외로 많다. 금세 질리는 성격의 사람은 무엇을 해도 오래가지 못한다. 어떤 일에 질려 싫증이 나게 되면 하고자 하는 의욕과 지속하려는 의지가 약해진다. '싫증'은 행동의 동기 부여, 평가와 관련이 크다.

동기 부여는 외적 동기 부여와 내적 동기 부여로 나뉜다. 외적 동기 부여는 당근과 채찍으로, 시험에서 백 점을 맞으면 장난감을 받거나 어떤 일을 처리하지 않으면 상사에게 꾸지람을 듣는 경우 등을 말한다. 한편, 내적 동기 부여는 외국으로 떠나고 싶어 돈을 모으는 것 같은 자발적 행위를 가리킨다. 외적 동기 부여는 일시적으로는 유효하지만, 지속되지 않는다는 특징이 있다. 원숭이에게 과제를 완수할 때마다 바나나를 주면, 어느샌가 원숭이는 바나나를 주지 않으면 과제를 안 하게 된다. 그건 의미가 없다.

어떤 일을 수행할 때에는 세세하고 구체적인 목표를 설정하고, 목표를 달성할 때마다 작은 성취감을 맛보는 것이 좋다. 집안 청소라는 덩어리가 큰 목표를 세우는 게 아니라, 오늘은 책장, 내일은 책상처럼 잘게 쪼개서 목표를 세워 '해냈다!'라는 성취감을 맛보는 게 일을 지속하는 데 유용하다. 또 사랑과 연결되면 놀라운 성취를 발휘한다. '외국어를 마스터하고 싶으면 그 나라 사람과 사귀어라.'라는 말이 있듯이 사랑에 빠지면 의욕이 샘솟는 법이다.

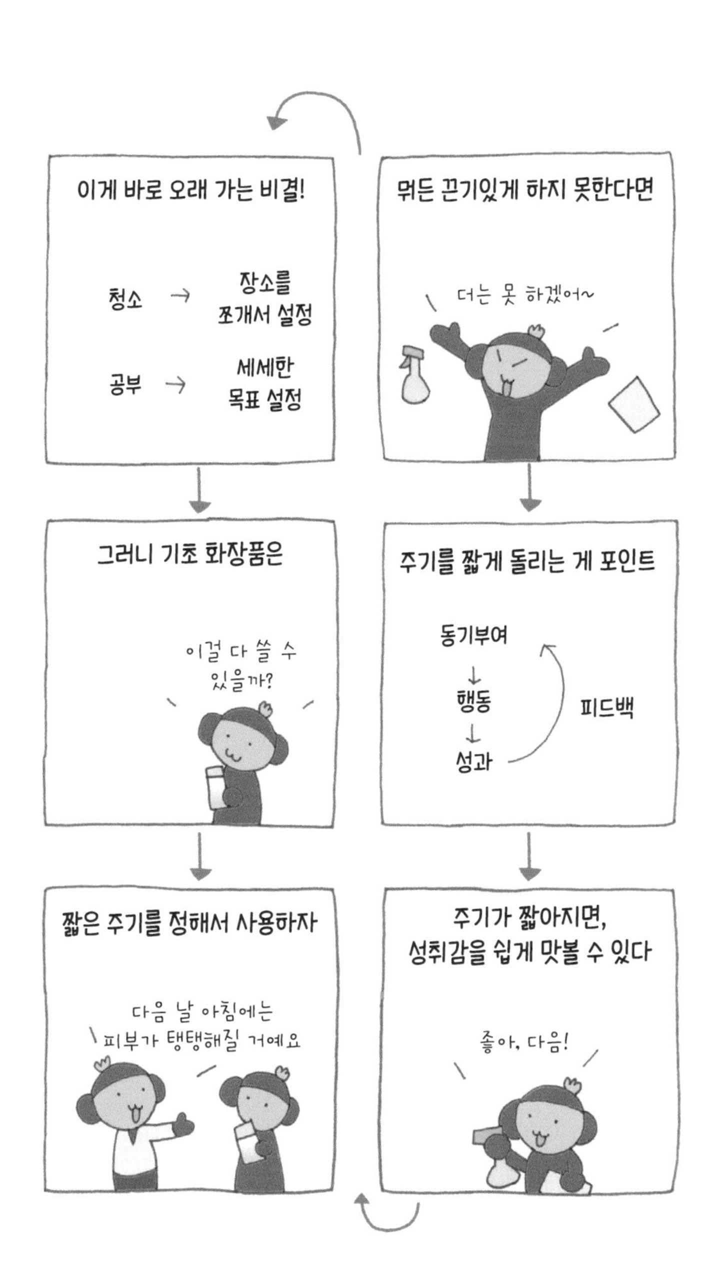

뭐든 끈기있게 하지 못한다면
더는 못 하겠어~
주기를 짧게 돌리는 게 포인트
동기부여
행동
성과
피드백
주기가 짧아지면,
성취감을 쉽게 맛볼 수 있다
좋아, 다음!
이게 바로 오래 가는 비결!
청소 → 장소를 쪼개서 설정
공부 → 세세한 목표 설정
그러니 기초 화장품은
이걸 다 쓸 수 있을까?
짧은 주기를 정해서 사용하자
다음 날 아침에는 피부가 탱탱해질 거예요

화려한 변명 라인업

- 자기를 지키려는 마음의 작용 -

사람은 매우 편리한 존재다. 원하는 것을 얻지 못하거나, 실수해서 꾸중을 들으면 어떤 식으로든 이유를 붙여 자신을 지키려 한다. 이를 '방어기제'라고 한다. 방어기제는 스스로 불쾌해지거나 불안해지는 걸 막는 역할을 한다. 여기 대표적 방어기제를 소개한다.

■ **억압:** 실수했을 때, '운이 나빴어.', '날씨가 안 좋았어.', '화장실이 없었어.'같은 이유를 붙여 실패의 원인을 무의식적으로 압박한다. 자기가 저지른 실수를 인정하지 않는다.

■ **반동형성:** 좋아하는 상대에게 차갑게 대하거나, 싫어하는 상대에게 친절하게 대하는 등 정반대로 행동한다. 억압만으로는 해결할 수 없는 강력한 감정을 방어하는 행동이다.

■ **투사:** '내가 실수한 건 일을 시킨 상사 탓이야.', '내가 넘어진 건 여기에 물건이 놓여있었기 때문이야.'처럼 책임을 전가하며 자기가 저지른 실수를 정당화하는 행동이다.

■ **합리화:** 실수했을 때 그럴싸한 이유를 붙여 자신을 납득시킨다. '난이도가 매우 높은 문제니까 못 푸는 건 당연한 거야.', '감기에 걸렸는데 못하는 건 당연하지.'처럼 자기에게 유리한 쪽으로 해석한다. 엘리트 의식이 강한 사람에게 많이 보인다.

■ **전위:** 억압된 감정을 다른 대상에게 돌린다. 예를 들어 선생님께 꾸중을 들었는데 선생님을 상대로 화를 표출하지 않고, 자기가 보기에 약하다고 생각하는 엄마에게 화를 푸는 행동이다.

■ **승화:** 억압된 감정을 사회적으로 용인된 행동으로 바꿔 발산한다. 예를 들어 운동 등이 있다.

롯폰기에 사는 변명의 달인
달인입니다
그는 다양한 변명을
흥 운이 나빴을 뿐이야.
[억압]
자유자재로 구사한다
쟤 때문이야.
[투사]
환경이 나빠서 어쩔 수 없었어
[합리화]
마지막에는 비겁하게
어쩔 거야?
훌쩍 훌쩍
어리광 부리기
뭐지?
엄마는 바보!!
[전위]

엘리베이터를 탄 사람들은 왜 층수 표시등을 볼까?

(사회 심리학 편)

제2장에서는 나와 타인, 나와 사회, 조직 안에서 나타나는 인간의 행동 변화, 그리고 사회 속에서 나타나는 인간의 행동과 심리 효과에 대해 고찰해 본다. 상대의 행동 이면을 파악하고 나를 위해 활용해 보자.

엘리베이터를 탄 사람들은 왜 층수 표시등을 볼까?
- 개인적 공간 ① -

어느 날 엘리베이터를 탔다. 평소처럼 고개를 들어 층수 표시등을 올려다봤는데, '그렇게 쳐다보지 마세요.'라는 낙서가 있었다. 하긴, 나는 엘리베이터를 타면 습관적으로 층수 표시등을 바라본다. 나뿐 아니라, 엘리베이터를 탄 사람들이 약속이라도 한 듯 표시등을 본다. 층수 표시등에 사람들의 마음을 사로잡는 뭔가가 있는 걸까? 아니면 알 수 없는 심리가 작동하는 걸까? 정말 불가사의한 행동이다.

사실 이 행동은 우리의 '개인적 공간(personal space)'과 밀접한 관계가 있다. 개인적 공간은 개인의 몸 주위에 있는 눈에 보이지 않는 일종의 세력권 같은 것이다. 이 공간에 타인이 침입하면 답답함을 느낀다. 개인차가 있지만, 개인적 공간의 크기는 대개 앞뒤로 0.6~1.5m, 옆은 1m 정도다. 보통 여성이 남성보다 넓다. 또 공격적 성격일수록 넓은 경향이 있다. 만원 전철에서 느끼는 답답함은 이 공간에 타인이 들어와 있기 때문이다.

엘리베이터는 비좁은 공간이다. 서로 개인적 공간을 침범하는 장소이기도 하다. 사람들은 답답한 공간에서 한시라도 빨리 나가고 싶어 한다. 위쪽을 올려다보는 행위는 그 공간에서 빨리 탈출하고 싶다는 표현이다. 층수 표시등은 목적지를 확인할 뿐 아니라, 일초라도 빨리 탈출하고 싶을 때 탈출 시간이 다가오고 있다는 걸 알려주는 장치다. 이렇게 많은 사람이 응시하는 곳은 또 없을 것이다. 층수 표시등에 광고가 부착되어 있지 않은 게 신기할 정도다.

엘리베이터를 타면
다들 층수 표시등을 쳐다보지
1 2 3 4 5 6
이건 개인적 공간과
밀접한 관련이 있어
이 공간에 다른 사람이 있으면
답답해져
숨 막혀…
빨리 벗어나고 싶은 마음이
층수 표시등을 보는 행동이 되지
언제 도착하지~
앗!
뿡~
그야말로 영원할 것만 같은
18초…
빨리…

모두가 선호하는 끝 좌석
- 개인적 공간 ② -

사람들은 전철 안에서도 비슷한 행동을 보인다. 바로 자리에 앉는 패턴이다. 먼저 좌석 양 끝 가장자리에 앉고 점차 중앙을 채워간다. 가장자리 좌석이 빌 경우 그 자리를 차지하려고 민첩하게 움직이는 광경도 흔하다. 이런 행동 역시 개인적 공간 때문이다. 양 가장자리는 한쪽만 사람과 접하면 된다. 그래서 가장자리를 선호하는 사람이 많다. 어쩌다 졸아도 옆에 사람이 없으면 민폐를 끼치지 않을 수 있고, 문자 메시지를 보낼 때 옆 사람을 신경 쓸 필요도 없다. 옆에 사람이 없는 환경은 마음을 편하게 한다.

하지만 가장자리라고 다 좋은 건 아니다. 패스트푸드점이나 카페의 화장실 입구 근처나 출입구 근처 좌석은 가장자리라도 기피의 대상이다. 사람들의 이동으로 어수선하고, 특히 가게 출입구 근처는 밖에서 보인다는 단점이 가장자리가 가진 장점을 상쇄한다. 칸막이 좌석의 경우 어느 정도 개인적 공간이 확보되어 있어 가장자리에 집착하지 않는 편이다. 또 옆에 사람이 없으면 중앙 쪽 좌석도 인기가 있다. 인간의 행동은 참으로 신기하다.

나아가 개인적 공간은 상대에 따라서도 크게 달라진다. 예를 들어 전방 1m 정도였던 개인적 공간이 친한 상대에게는 0.5m 정도로 줄어들고, 불편한 상대에게는 2.5m 정도로 늘어난다. 마음이 편치 않은 상대에게 자연스럽게 거리를 두는 심리가 작동한 것이다.

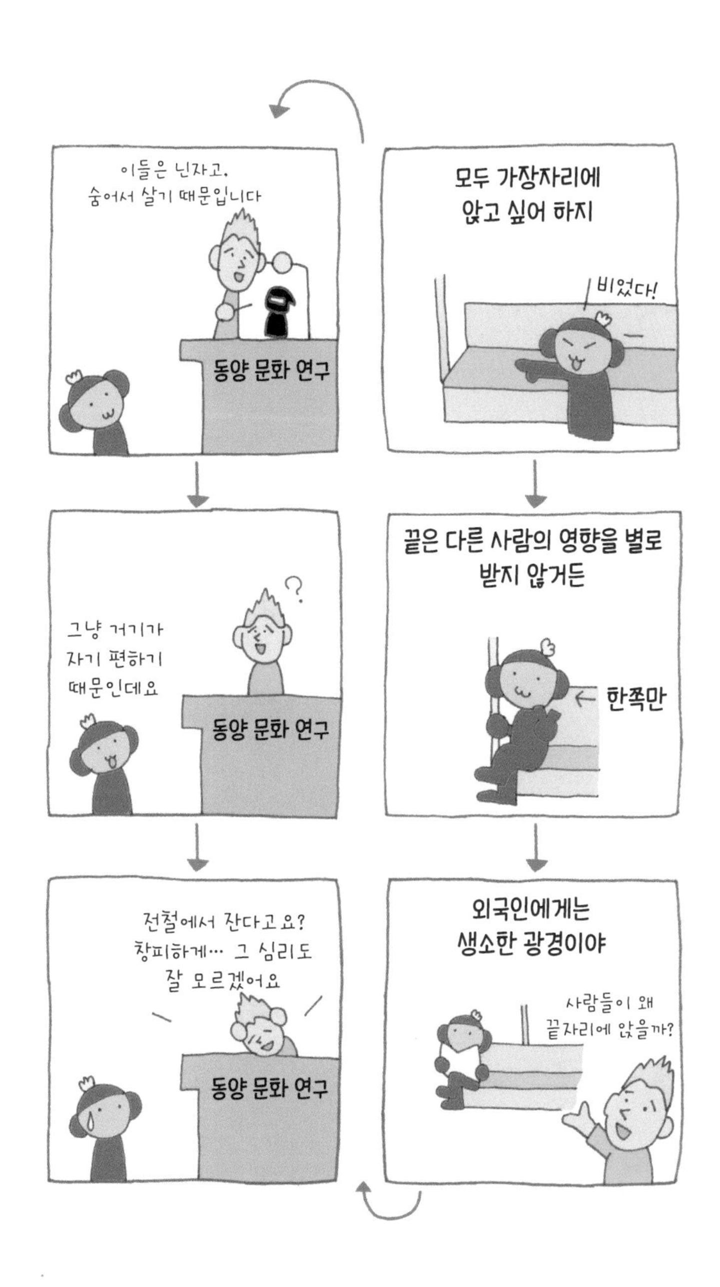

모두 가장자리에
앉고 싶어 하지
비었다!
끝은 다른 사람의 영향을 별로
받지 않거든
한쪽만
외국인에게는
생소한 광경이야
사람들이 왜
끝자리에 앉을까?
이들은 닌자고,
숨어서 살기 때문입니다
동양 문화 연구
그냥 거기가
자기 편하기
때문인데요
동양 문화 연구
전철에서 잔다고요?
창피하게… 그 심리도
잘 모르겠어요
동양 문화 연구

줄서기를 즐기는 간토 지방 사람들
- 줄서는 심리/동조행동 -

사람들은 줄서기를 좋아한다. 놀이기구를 타거나 인기 상품을 사기 위해 몇 시간씩 줄을 선다. 왜 그럴까? 많은 사람들이 '줄을 설 만큼 가치가 있는 상품이니까.'라고 대답하지만 정말 그럴까?

물론 상품이 매력적이기 때문에 줄을 서는 건 당연하지만, 줄서기에는 사람을 끌어당기는 매력이 있다. 사람은 길게 늘어선 행렬을 보고 '저렇게 많은 사람이 좋아하는 걸 보면 매력적인 뭔가가 있을 거야.'라는 역발상을 한다. 줄을 서서 샀다는 성취감이 일종의 만족감을 만들어 낸다. 그리고 사람은 누군가와 같은 행동을 하는 것에 대해 안도감을 느낀다. 심리학에서는 이를 '동조행동'이라고 한다.

물론 이 행동에는 개인차가 있고, 놀랍게도 지역 차이도 있다. 간토 지방 사람들이 간사이 지방 사람들보다 줄서기에 곧잘 편승한다고 한다. 간토 지방 사람들은 특히 홀로 다른 일을 하게 되는 상황에 약하다. 반대로 말하면 다른 사람들과 같은 행동을 할 때 안도감이 높아진다. 좋게 해석하면 유행에 민감한 것이다.

잡지나 TV에 가게가 소개되면, 바로 유명세를 탄다. 우리는 맛과 디자인처럼 평가가 복잡하고 개인차가 있으면 스스로 판단하기 힘들어 한다. 명품은 퀄리티가 좋을 뿐 아니라, 고가라서 그 지위를 유지하고 있는 것이다. 마찬가지로 줄서기도 시간을 소비하는 일종의 명품이 아닌가 싶다.

안녕하세요
행렬 평론가,
긴팔원숭이
선생님이십니다
네~
인간은 왜
줄을 서나요?
인간은 원래
무리 짓는 걸
좋아합니다
네~
성취감이 커지죠
1시간 줄 서서
해냈다!
네~
무엇보다 줄서기의 매력 포인트는
저 아름다움! 정말 최고입니다!
빠져든다~

유행에 민감한 이유는 무엇일까?
- 유행에 민감한 사람들의 종류 -

인간은 왜 유행에 끌리는 걸까? '유행'은 '사물이 강의 흐름처럼 세상에 퍼져 나간다.'하여 생긴 말이다. 때때로 이 흐름은 바위틈을 비집는 격류처럼 단숨에 흐르기도 하고, 잔잔한 하류처럼 부드럽게 흐르기도 한다. 유행은 복장이나 행동이 일시적으로 세상에서 활발히 활용되는 걸 말한다.

역사적으로는 귀족사회 스타일이 시민사회로 확산하면서 생겼다. 예를 들어 귀한 보라색 천연염료는 왕과 귀족만 쓸 수 있었다. 합성염료 기술이 보급되자 보라색은 시민사회에서 단숨에 유행했다. 현재는 '귀족사회에서 시작해 시민사회로 확산'되는 흐름이 사라지고 유행 시스템도 크게 달라졌다.

로저스는 유행을 받아들이는 사람을 카테고리로 분류했다. 새로운 일에 도전하는 모험적 혁신자가 2.5%, 이를 도입해 유행을 퍼트리는 초기 수용자가 13.5%, 초기 단계에 유행을 타는 초기 대다수자가 34.0%, 어느 정도 침투한 단계에서 유행을 받아들이는 후기 대다수자가 34.0%, 마지막으로 어쩔 수 없이 받아들이는 느린 수용자가 16.0%이다. 대상물에 따라 숫자가 달라지므로 참고 수치로 생각하면 된다. 혁신자는 유행과 상관없는 장면에서 행동하는 사람과 유행을 의식해서 나서는 사람이 혼재되어 있다. 대부분 초기 수용자는 유행을 의식해서 타인과 다른 행동 사양을 이른 시기에 실행함으로써 정신적 우월감, 자기현시욕을 채운다. 초기 대다수자는 동조행동을 하는 것이지만, 초기 수용자처럼 우월감을 느낀다. 후기 수용자가 되면 순수한 동조행동이 되고, 개중에는 강박관념에 가까운 감정을 느끼는 사람도 있다. 느린 수용자는 기본적으로 전통 지향파이다. 본인이 어디에 속하는지 생각해 보는 것도 재미있을 것이다.

유행을 수용하는 사람은 가지각색
모험적으로 도전하는 사람은 2.5%
전통의상에 도전!
초기에 수용하는 사람은 13.5%
어디서 본 것 같은데…
유행 초기에 수용하는
사람은 34.0%
올해는 전통의상이 유행이군.
Gan
Gan
유행 후기에 수용하는 사람은
34.0%
다들 입고 있네~
슬슬 올 때가 됐는데
더 늦게 받아들이는
느린 수용자는 16.0%
역시 왔구만
입어 보라니까~!
유행을 착각한 사람은 0.02%
전통 최고!!

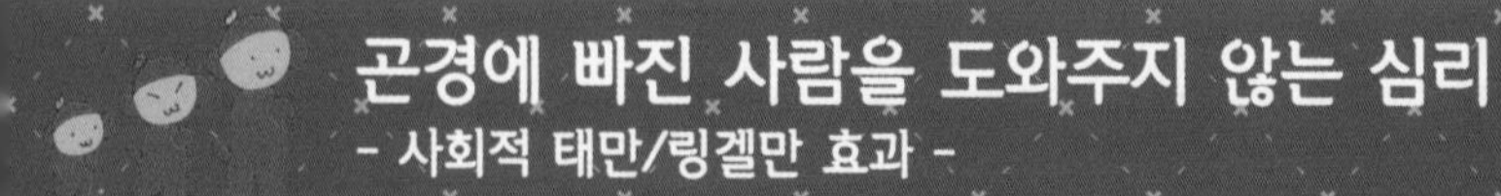

곤경에 빠진 사람을 도와주지 않는 심리

- 사회적 태만/링겔만 효과 -

전철이나 길거리에서 곤경에 빠진 사람을 보면 누구나 도와주고 싶다. 하지만 실제로 도움의 손길을 내미는 사람은 적다. 수줍음을 잘 타기 때문일까? 물론 그런 이유도 있겠지만 주변에 사람이 많으면 '내가 아니라도 다른 사람이 도와 줄 거야.'라는 생각이 들기 때문이다. 타인에게 의존하고 싶은 마음이 생기는 것을 '링겔만 효과'라고 부른다.

독일의 심리학자 링겔만은 줄다리기 실험을 통해 사람의 수가 증가할수록, 개인이 발휘하는 힘이 약해진다는 사실을 도출했다. 상식적으로 시너지 효과에 의해 힘이 세질 것이라고 생각하기 쉽지만, 실제는 달랐다. 집단이 커질수록 '나 하나쯤'이라는 심리가 작동해 온 힘을 다해 줄다리기에 임하지 않았다.

미국의 심리학자 빕 라타네와 존 달리도 비슷한 종류의 실험을 했다. 피험자가 독방에 들어가 헤드폰을 착용하고 토론에 참여한다. 참가자 한 명을 제외하고 모두 배우이며 서로 얼굴은 보이지 않는다. 어느 정도 토론을 한 후 연구팀이 심어 놓은 배우가 발작을 일으킨다. 그때 헤드폰을 통해 상황을 감지한 참가자가 주최 측에 도움을 요청할지에 관한 실험이다. 여기서 흥미로운 사실을 발견했다. 참가자가 발작 연기를 한 배우와 둘이 토론했을 때는 3분 이내에 100%가 지원을 요청했다. 하지만 참가자가 3명이 되면 60%, 여섯 명이 되면 30%만 지원을 요청했다. 내가 아니라도 누군가 지원을 요청할 거라는 심리가 작동한 것이다. 실제로 사회에서 곤경에 빠진 사람을 선뜻 나서서 도와주지 않는 이유도 이런 심리가 크게 작동하기 때문이다.

혼자 있을 땐 곤경에 빠진 사람을 도와주지만
수, 숨 막혀…
큰일이다!
사탕
여럿이 있을 땐 도와주지 않는 것
도와줘!
몰라~
몰라~
무심코 다른 사람이 도울 거라고 생각하지
여럿′ 누가, 나서겠지 손을 놓는다.
혼자일 땐 열심히 싸우지만…
바나나 빔~!
몽키
여럿이 모이면 해이해지네…
네가 해~
싫어
몽키
취침
이것을 '링겔만 효과'라고 해
혼자′ 나밖에, 없어 해야 해!

승리그룹에 편승하려는 심리
- 밴드 왜건 효과와 언더 독 효과 -

"좌우명이 무엇인가요?"라는 질문을 받으면 정치가들은 허울 좋은 답을 늘어놓는다. 하지만 그들의 진짜 좌우명은 '승리그룹에 편승하자.'일 것이다. '승리그룹에 편승하자.'는 다시 말하면, 이길 것이라는 걸 알고 나서 응원하는 심리다. 아직도 파벌 정치가 지배하는 일본 사회에서는 당연한 일인지도 모른다.

이 행위를 심리학에서는 '밴드 왜건 효과'라고 부른다. '밴드 왜건'이란 퍼레이드 선두에 있는 악대차로, 밴드 왜건 효과는 차량 등장과 함께 분위기가 고조되면서 밴드 왜건을 따라가고 싶어지는 심리를 표현한 용어다. 정치가뿐만 아니라, 대중도 이왕이면 이길 사람을 응원하고 싶어 한다. 한편 일본에는 약자나 패자를 동정하는 심리를 표현하는 '판관비희(判官贔屓)'라는 말이 있다. '언더 독 효과'와 상통하는 개념이다.

본인과 밀접하게 관계가 있으면 밴드 왜건 효과가 나타나고, 그렇지 않으면 언더 독 효과가 나타나는 경향이 있다. 예를 들어, 정치가는 자기 위치와 밀접하게 관계가 있는 당 대회의 대표 선거에서는 권력이 센 승리그룹에 편승하려 한다. 하지만 그런 정치가라도 고교야구처럼 본인과 직접 관계가 없으면 지는 편을 응원한다. 밴드 왜건 효과는 경제 활동에서도 자주 찾아볼 수 있다. 영화 광고에서 '절찬 상영 중'과 같은 문구를 자주 사용하는데, 이 문구는 개봉 전부터 실제 관객 동원 수와 관계없이 미리 준비되어 있다. '다른 사람도 다 봤는데, 나도 보러 가야지.'라는 밴드 왜건 효과를 노린 것이다. 그런 사기 전략은 주의해야 한다.

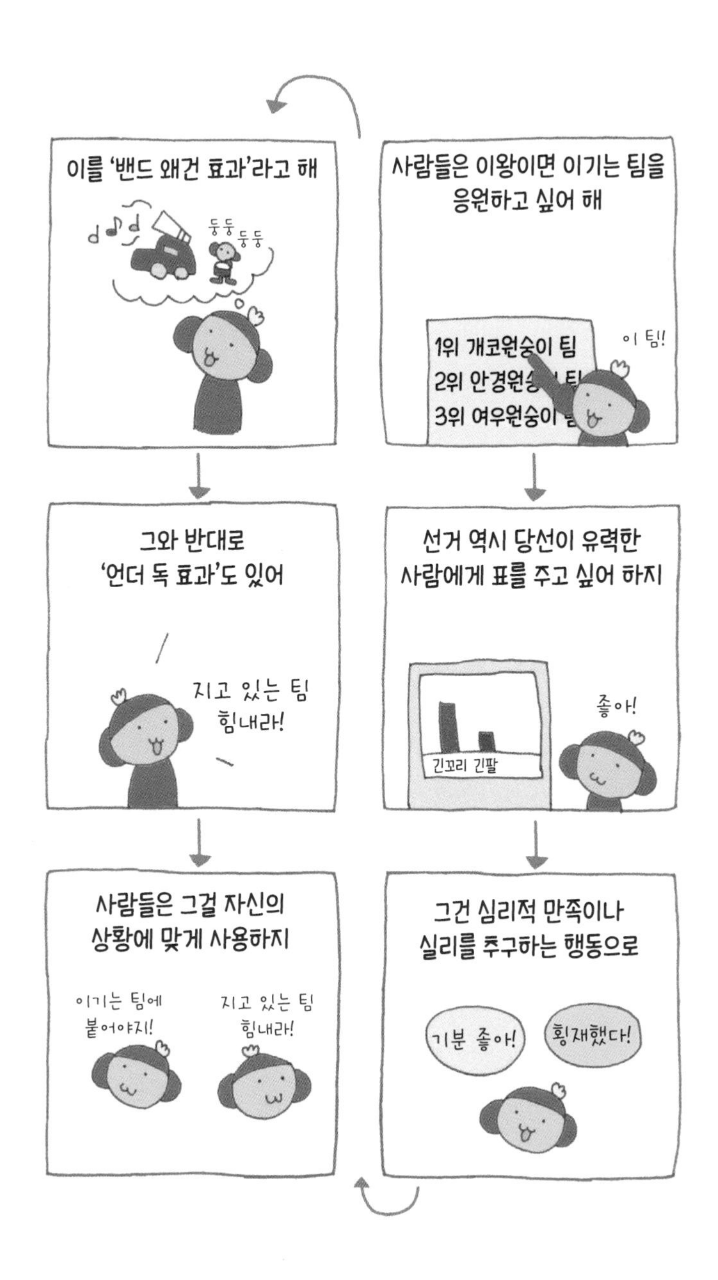
사람들은 이왕이면 이기는 팀을
응원하고 싶어 해
1위 개코원숭이 팀
2위 안경원숭
3위 여우원숭이
이 팀!
선거 역시 당선이 유력한
사람에게 표를 주고 싶어 하지
긴꼬리 긴팔
좋아!
그건 심리적 만족이나
실리를 추구하는 행동으로
기분 좋아!
횡재했다!
이를 '밴드 왜건 효과'라고 해
둥둥
둥둥
그와 반대로
'언더 독 효과'도 있어
지고 있는 팀
힘내라!
사람들은 그걸 자신의
상황에 맞게 사용하지
이기는 팀에
붙어야지!
지고 있는 팀
힘내라!

외모가 출중하면 이득
- 상대가 마음대로 만들어 내는 후광효과 -

외모가 출중하면 이득을 본다. 실제 실험에서 외모가 뛰어난 대학생이 좋은 성적을 받았고, 미인이 초밥집에서 할인을 받았다. 그뿐만이 아니다. 외모가 수려하면 성격과 인간성이 좋고, 현명할 것이라고 간주하는 경향이 있다. 이를 심리학에서는 '후광효과(halo effect)'라고 한다. 사람 뒤에서 빛나는 후광이 본인을 한층 더 업그레이드시킨다는 의미다. 이 효과는 외모에 국한된 것은 아니다. '명문 대학을 졸업한 사람은 인격도 훌륭하다', '필체가 정갈하면 현명하다'와 같은 평가도 후광효과로 볼 수 있다. 영어 구사력과 일을 잘하는 것이 직접적인 상관관계가 없는 분야일지라도, 영어가 능통한 사원은 일을 잘하는 이미지가 있다. 한편, 사기꾼도 겉으로는 사기꾼처럼 보이지 않는다. 말끔하게 차려입고 성실한 태도를 보이면 인간적으로도 신뢰감을 얻는다는 후광효과를 악용한 사례다.

2007년 가을, 애플의 Mac(매킨토시) 컴퓨터 판매가 전년도대비 크게 약진하며 4분기 성장률이 업계에서 8배나 상승했다는 뉴스가 있었다. 신규 구매자가 현저히 많았기 때문이다. 전문가는 아이패드나 아이폰을 구입한 소비자가 사용 편리성과 디자인에 호감을 느꼈기에 PC에 대한 관심 또한 높아진 것이라고 분석했다. 아이패드나 아이폰이 같은 애플 제품인 Mac과 상호호환성이 좋다는 것도 이유가 되었겠지만, 한편으로는 두 제품의 품질 우수성을 PC에도 기대했기 때문이라고 풀이된다. 이것도 후광효과의 일종이다.

외모가 출중하거나
반짝
반짝
회사에서 직책이 높으면
과장
인간적으로도 훌륭할 거라고
생각하곤 하는데,
인격
직책
외모
담당 부장
사루야마 사루오
원숭이 상사
눈이
부시네요~
이걸 후광효과라고 해

나를 다른 사람으로 변화시키는 '역할'
- 역할의 엄중함과 가능성 -

상냥하던 회사 선배가 승진해서 관리직에 앉고 나더니, 갑자기 엄격해져서 놀란 적이 있을 것이다. '역할'이란 사회생활에서 자신이 수행해야 할 직책이나 임무를 말한다. 실제로 역할은 매우 엄중한 존재다. 책임과 의무가 점차 강해지면서 강제성을 가지게 되고 이것이 무거운 스트레스가 된다. 때문에 인정받기 위해 때로는 자신의 규칙과 전략을 넘어선 페르소나를 구축하고, 적극적으로 지위와 역할에 어울리는 인간이 되기 위해서 노력한다.

2001년 제작된 영화 〈엑스페리먼트〉는 실제로 스탠퍼드 대학 심리학부에서 이루어진 역할 실험을 기반으로 만들어졌다. 공개 모집으로 모인 사람들에게 각각 간수 역할과 죄수 역할을 부여하고 모의 교도소 내에서 각자 역할에 따라 행동하게 한다. 역할이 사람의 행동에 어떤 영향을 끼치는지를 조사하기 위해서다. 실험 시작 후, 간수 역할을 하는 피험자는 공격적으로, 죄수 역할을 하는 피험자는 복종적으로 변했다. 시간이 지날수록 사람들의 행동이 점점 과격해지고 끝내는 선을 넘고 만다. 이 작품은 역할이 사람에게 주는 영향력이 얼마나 큰지 시사하고 있다.

아동 집단 심리를 연구한 다나카 쿠마지로(田中熊次郎) 교수는 초등학교 5학년을 대상으로 학급회장이라는 역할을 부여하는 실험을 통해 주어진 역할로 인해 아동이 노력하고, 역할에 어울리기 위한 인물이 되기 위해 최선을 다한다고 분석했다. 역할 성격에 익숙해지면 주위 평가도 좋아지고 선순환으로 이어진다. 역할은 위험하면서 동시에 사람을 크게 성장시키는 열쇠이기도 하다.

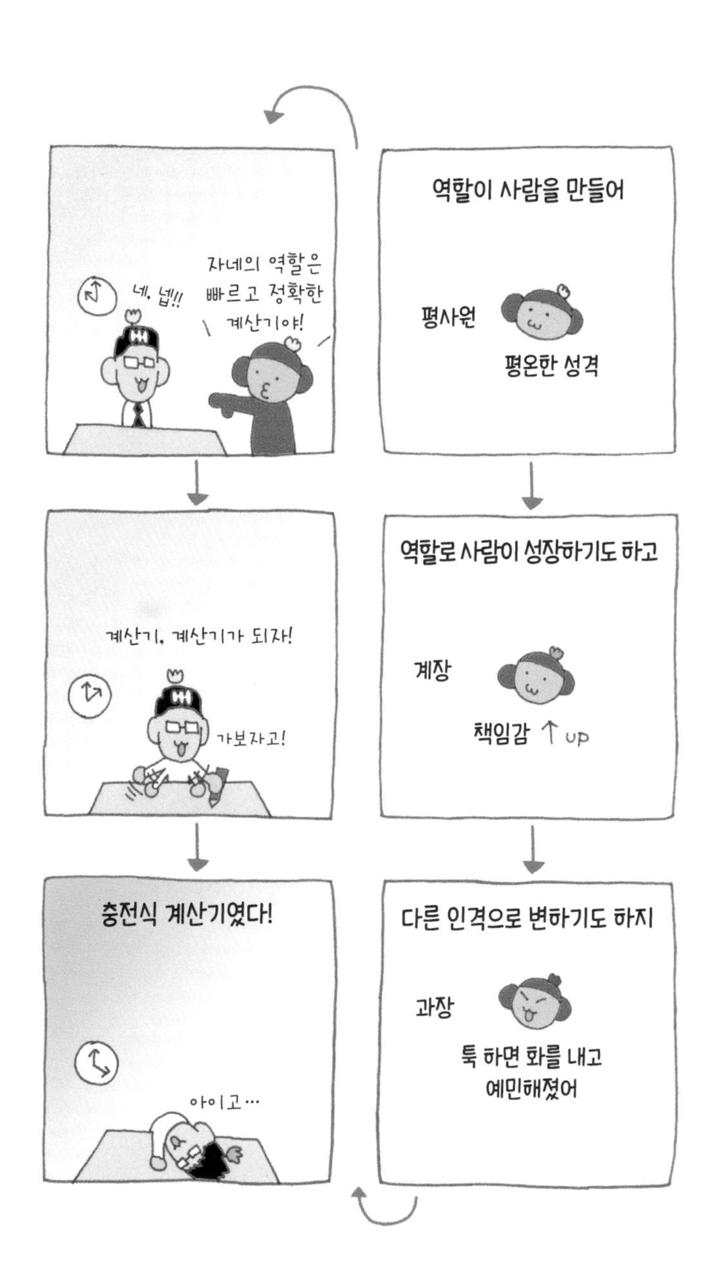
역할이 사람을 만들어
평사원
평온한 성격
자네의 역할은 빠르고 정확한 계산기야!
네, 넵!!
역할로 사람이 성장하기도 하고
계장
책임감 ↑ up
계산기, 계산기가 되자!
가보자고!
다른 인격으로 변하기도 하지
과장
툭 하면 화를 내고 예민해졌어
충전식 계산기였다!
아이고…

콘서트장에 가면 노래를 따라 부르는 이유는?
- 몰개성화의 폐해 -

평소에는 조용한 사람이지만 콘서트장에서 큰 소리로 노래를 따라 부르거나, 축구 경기장에서 함성을 지르며 응원하기도 한다. 나를 모르고, 인간관계로 얽혀있지도 않은 집단 속에 자신을 매몰시키면 개인의식이 희박해지는데, 심리학에서는 이를 '몰개성화'라고 한다. 그로 인해 타인에게 보인다는 자각이 사라지고 '여기서는 내 마음대로 해도 된다.'는 심리가 발동한다. 이런 해방감이 자기 욕구를 더욱 부추긴다. 그래서 사람들은 큰 소리로 노래를 부르거나 함성을 지르면서 응원한다. 크게 소리를 지르면 스트레스도 발산되고 기분도 좋아진다. 그런 증상에 중독되면서 더욱 목소리가 커진다. 이런 상태가 계속되면 위험한 부분도 있다. 자의식이 약해지고 무슨 일을 하더라도 자기 행동이 아닌 것처럼 느껴지기 시작한다. 이 상태가 진행된 사람이 열광적 축구 팬 '훌리건'이다. 물론 몰개성화가 전부 사회성을 상실한 행동으로 이어지는 건 아니다. 사회성을 유지한 집단에서 반사회성은 탄생하지 않는다.

심리학자 필립 짐바르도는 공포스러운 실험을 했다. 학습 실험의 학습자가 실수하면 그 벌로 피험자가 전기 충격을 주는 방식이었다. 이때 전기 충격을 주는 피험자는 큰 명찰을 단 사람과 얼굴에 두건을 써서 누군지 알 수 없는 사람 두 분류로 나뉘었다. 그 상태에서 실수한 학습자에게 전기 충격을 주라고 지시하면, 두건을 쓴 사람이 명찰을 착용한 사람보다 전기 충격을 더 많이 주는 결과가 도출됐다. 몰개성화의 폐해를 상징하는 실험이다.

여러 아티스트가 참가하는 콘서트장에서는
꺄~악! 오빠!!!
관객석이
언니 예뻐요!!!
더 재미있어
옆 사람 너무 시끄러운 듯
집단 속에서는 개인의식이 희박해져
개인
얌전한 사람이 콘서트장에서는
그럼 가볼까요?
큰 소리로 노래를 따라 부르는 일이 흔하지
오 예~~

문자 메시지와 성격이 일치하지 않는 사람들
- 문자 메시지 인격과 문자 메시지 커뮤니케이션 -

문자 메시지는 편리한 도구다. 세세한 내용을 주고받지 않아도 "나중에 문자할게."라는 한마디로 완결된다. 아주 편리한 한편, 새로운 문제도 생겼다. 그중 하나가 '문자 메시지 인격'이다. 간단히 말하면 문자 메시지를 통해 읽히는 발신자의 성격과 실제 성격이 다르다는 의미다. 문자 메시지로는 항상 냉정하고 차가운 말투를 사용하지만 실제로는 온화한 성격의 사람인 경우나 항상 정중한 문장을 써서 성실한 사람이라고 생각했는데 만나보니 무책임한 사람인 경우도 있다.

대면한 상황에서 의사소통할 때는 말하는 동시에 상대의 표정을 본다. 전화 또한 목소리를 통해 상대의 상황을 살피면서 말한다. 의식적이든 무의식적이든 사람은 상대의 변화를 읽고 대화를 제어한다. 소위 '안색을 살피는' 행동이다. 하지만 문자 메시지는 그럴 필요가 없다. 상대가 어떻게 생각하든 전하고자 하는 바를 끝까지 전달한다. 대화할 때는 얼굴색을 살피면서 화법을 수정할 수 있지만, 문자 메시지는 그렇게 할 수 없다. 문자 메시지를 쓰면서 흥분상태에 빠지거나, 감정이 폭주하기도 한다. 문체의 특성이 두드러지면 그것도 인격으로 오해받는다. 그러므로 문자 메시지를 보내기 전에 상대의 입장이 되어 다시 읽어보는 것이 좋다. 또 문자 메시지를 받는 쪽에서 오해를 하는 경우도 있다. 인간은 대화뿐 아니라, 다양한 정보(눈의 움직임, 복장, 제스처)를 통해 상대의 상황을 이해하고 성격을 떠올린다. 이러한 정보는 문장만으로는 읽을 수 없어 수신자가 마음대로 상황이나 성격을 만들어 내기도 한다.

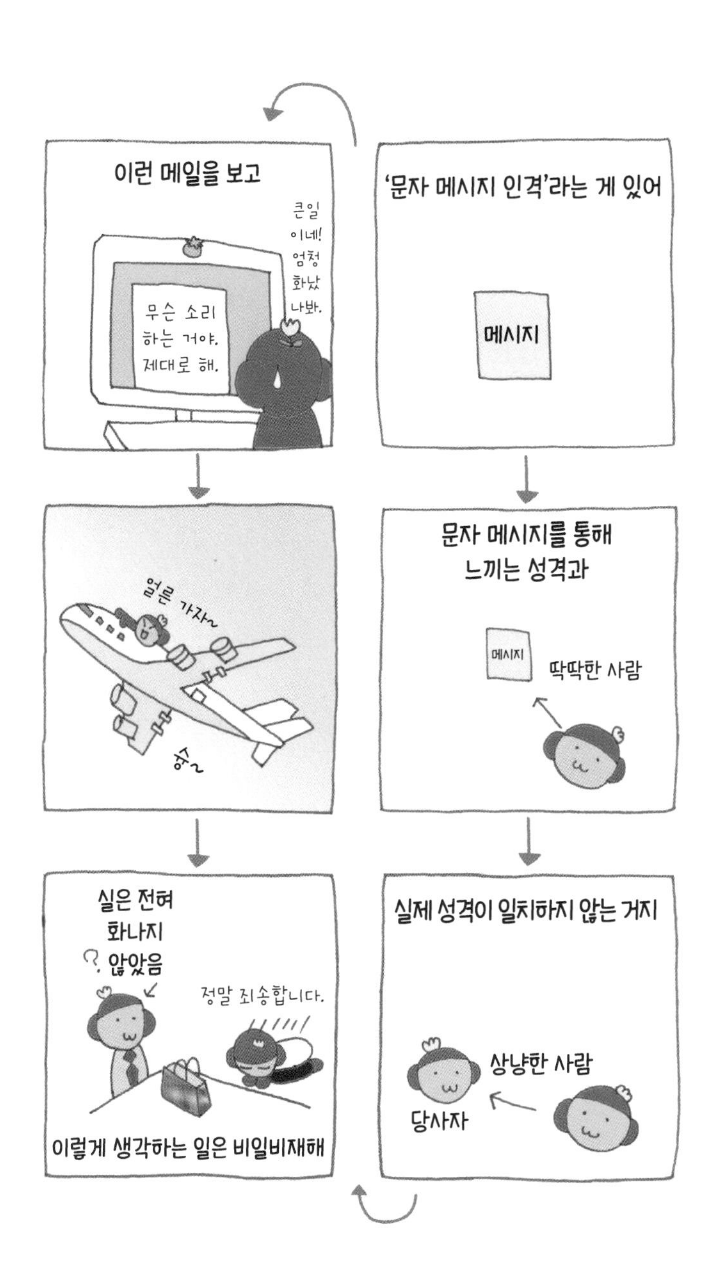

'문자 메시지 인격'라는 게 있어
메시지
문자 메시지를 통해
느끼는 성격과
메시지
딱딱한 사람
실제 성격이 일치하지 않는 거지
상냥한 사람
당사자
이런 메일을 보고
무슨 소리
하는 거야.
제대로 해.
큰일 이네! 엄청 화났나봐.
얼른 가자~
슝~
실은 전혀
화나지
않았음
정말 죄송합니다.
이렇게 생각하는 일은 비일비재해

정치인은 왜 고급 요릿집을 좋아할까?

- 정치인의 비밀 무기 '런천 테크닉' -

정치인의 저녁 모임 장소라고 하면 고급 요릿집이 떠오른다. 왜 고급 요릿집일까? 밀담을 나눈다면 독방이면 충분할 텐데 말이다. 바쁜 정치인이 시간을 내서 고급 요릿집에서 식사하는 데는 이유가 있다.

첫째, 사람은 식사하면서 이야기를 나누면 상대의 의견에 쉽게 동조하는 특성이 있다. 이것은 기쁨과 충만함을 공유하는 상대에게 호감을 느끼는 심리 효과다.

둘째, 식사하는 행위는 긴장을 완화해 사람을 무방비 상태로 만든다. 나아가 일본풍 실내는 베이지나 황록색 등 사람을 편안하게 하는 색채로 이루어져 있다. 이러한 주변 환경을 통해 근육이 이완되어, 긴장이 완화되고 상대의 주장을 쉽게 수용하게 된다.

그런 효과를 이용한 기술을 '런천 테크닉(luncheon technique)'이라 부른다. 이는 정치인이나 회사 중역들이 자주 사용하는 방법으로, 일본뿐 아니라 각국 정계에서 성행하고 있다.

런천 테크닉은 다양한 상황에서 활용된다. 가벼운 식사를 하면서 평론을 읽으면 아무것도 먹지 않을 때보다 호의적으로 해석하는 경향이 있다. 기업이 거래처나 직원들에게 음식을 제공하며 여러 요청을 하는 일은 흔하다. 최근 음식을 제공하고 타이밍을 봐가며 무언가를 권유하는 등, 이 기술을 악용하는 경우도 늘었다. 식사 전이 아니라, 식사 도중을 노리는 게 포인트다. 이런 시스템을 숙지하고, 상대의 의도에 넘어가지 않도록 주의해야 한다.

생일 선물로 다이아몬드 목걸이 갖고 싶어
좋아. 런천 테크닉!
응~ 알았어
다음 날 저녁…
런천 테크닉으로 반격!!
물론이지!
다이아몬드 안 사줘도 돼?
식사를 하는 도중에는
와구 와구
상대 의견에 쉽게 동조하게 돼
호감 ← 공유 ← 맛있다
일본풍 실내에선 더욱 효과적이지
긴장을 풀어주는 색

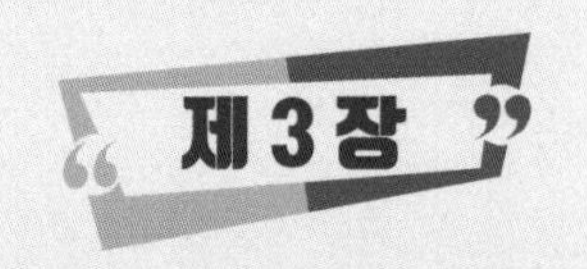

바(Bar)는 왜 어두컴컴할까?

(연애 심리학 편)

심리학은 연애할 때도 도움이 된다. 이성의 심리를 파악하는 것은 어려운 일이다. 제3장에서는 심리학적 접근법을 다룬다. 상대를 이해하고 관계를 구축하는 데 도움이 되기를 바란다.

사람을 좋아하게 되는 이유
- 사랑을 시작하는 다양한 요인 ① -

인간은 사랑 없이 살 수 없다. 인간에게 연애는 매우 중요하다. 인간은 사랑할 때 상대의 어떤 면에 끌리는 걸까? 왜 좋아하게 되는 걸까? 일본에서 큰 화제를 모았던 한국 드라마 〈겨울연가〉에 흥미로운 대사가 있다. 민영이 유진에게 상혁을 좋아하는 이유를 물었다. 유진은 상혁의 이런저런 장점을 나열하고 이를 들은 민영은 웃었다. 유진이 민영에게 웃는 이유를 묻자 민영이 대답했다. "아뇨, 그냥… 사랑하는데 너무 이유가 많은 것 같아서요. …예를 들어 볼까요? 내가 좋은 이유 대봐요. 못 대죠? 정말 좋은 건 이렇게 이율 댈 수 없는 거예요." 맞다. 사람을 좋아하게 되는 일에 정해진 공식은 없다. 무심코 이렇게 저렇게하라고 조언하는 연애 공식이라면 모를까. 하지만 정말로 그럴까? 심리학에서는 사람을 좋아하게 되는 이유가 있다는 전제하에 다양한 연구가 이루어졌다. 매우 복잡하고 다양한 이유가 있다는데, 그중 대표적인 몇 가지 이유를 알아보자. 내가 상대방의 어디에 반응했는지, 내가 어떨 때 사랑에 빠졌는지, 과거를 회상하며 읽어 보는 재미도 쏠쏠할 것이다.

1. 상대의 신체적 매력

간단히 말하자면, 외모다. 당연하지만, 심리학의 많은 실험을 통해 신체적 매력이 높은 사람은 이성으로부터 호감을 쉽게 얻는다는 사실이 밝혀졌다. 사람은 자신의 신체적 매력과 어울리는 상대에게 호감을 느낀다. 그래서 외모가 닮은 사람끼리 서로 끌리는 모양이다. 누구나 신체적 매력이 높은 사람에게 연애 감정이 생기지만, 자신을 비춰보고 '거절당할 것 같은데.'라며 처음부터 포기하기 때문에 어울릴 만한 상대를 좋아하게 된다. 심리학에서는 이를 '매칭 가설'이라 부른다.

사람들은 겉모습에 끌려
좋아!
반~짝
하지만 모두가 미남미녀를
사랑하는 건 아니야
미남
보통
삐… 삐…
나와 어울릴 만한 상대를
찾게 되는 것을
우끼!
뾰옹
'매칭 가설'이라고 해
그래서 어울리는 상대를 찾기
쉽게 상대의 매력을 점수로
환산하는 안경을 개발했어
오~
?
앗
3점…

사람을 좋아하게 되는 이유
- 사랑을 시작하는 다양한 요인 ② -

2. 나와 비슷한 행동을 하는 상대

소개팅에서 좋아하는 TV 프로그램이 같다는 이유로 끌리게 되어 사귄 커플이 있다. 사람은 자신과 가치관이나 금전 감각이 비슷한 상대에게 끌린다. TV 프로그램이라고 가볍게 봐서는 안 된다. 이는 태도, 행동 패턴의 유사성이 높을수록 서로를 좋아하게 되는 '유사성 요인' 때문이다. 공통된 화제를 이야기할 때, 사람은 인지적으로 균형 있는 상태가 된다. 그 상태를 가능한 한 오래 유지하려 하므로 상대에게 호감을 느낀다는 것이다. 단순히 유사한 것을 넘어, 상대가 나보다 약간 뛰어난 경우(존경하는 상태)에도 그 효과가 강력하다.

반대로 취미나 행동 패턴이 다르면 사랑으로 발전하기 어렵다. 미국의 한 연구 결과에 따르면, 관심 대상이 서로 다른 커플은 결혼까지 도달하기가 어려웠다고 한다.

3. 성격에 대한 취향

성격도 연애 상대에게 요구하는 중요한 요인이다. 누구나 성격이 좋은 상대를 동경하지만 어떤 성격을 좋아하는지는 개인차가 커서 일률적으로 단정 지을 수 없다.

미국에서는 앤더슨이 100명의 남녀 대학생을 대상으로 555개의 성격 특성어를 0~6점의 7단계로 평가해 사랑받는 성격을 조사했다. '성실한', '정직한', '이해심 있는', '충실한', '신뢰할 수 있는', '지적인', '의지할 수 있는', '마음이 넓은'이 상위를, '거짓말쟁이', '품위 없음'이 하위를 차지했다.

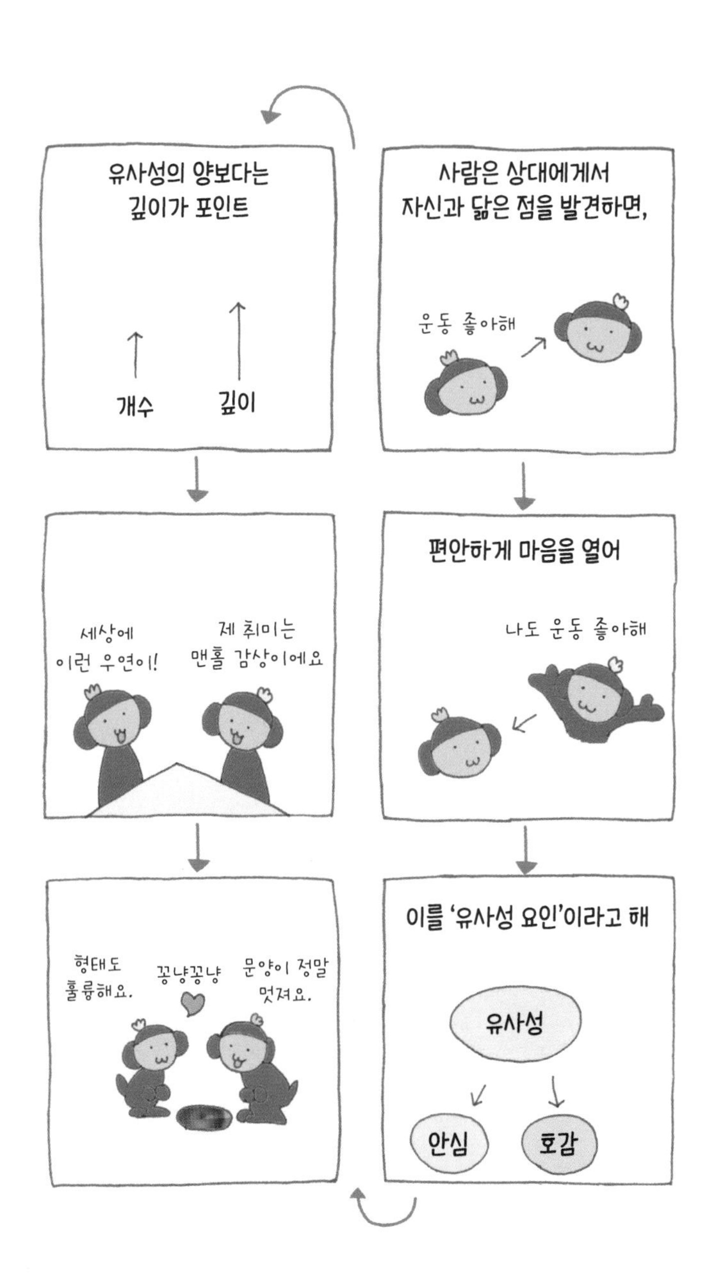

사람은 상대에게서 자신과 닮은 점을 발견하면,
운동 좋아해
편안하게 마음을 열어
나도 운동 좋아해
이를 '유사성 요인'이라고 해
유사성
안심
호감
유사성의 양보다는 깊이가 포인트
개수
깊이
세상에 이런 우연이!
제 취미는 맨홀 감상이에요
형태도 훌륭해요.
꽁냥꽁냥
문양이 정말 멋져요.

사람을 좋아하게 되는 이유

- 사랑을 시작하는 다양한 요인 ③ -

4. 상대의 마음을 잘 헤아릴 것

이별을 결심한 사람이 자주 하는 말에 "네 마음을 모르겠어."라는 말이 있다. 반대로 말하면 마음을 아는 것이 연애를 지속하는 데에 아주 중요한 영향을 미친다는 뜻이다. 물론 사랑을 시작할 때 자신에게 호감을 보이는 상대의 마음을 아는 것 또한 중요하다. 사람은 나를 좋아해주는 사람을 좋아하게 되는 경향이 있다. 이를 '호의의 반보성'이라고 한다. 받은 애정을 애정으로 되돌려주고 싶어 하는 마음이다.

5. 자신의 심리 상태

멋진 상대가 있다고 사랑을 시작할 수 있는 건 아니다. 나의 상태도 중요하다. 일정한 흥분상태(기분이 좋은)일 때, 사람은 누군가와 사랑에 빠지고 싶어진다. 누군가와 함께 있고 싶어 하는 심리를 '친화 욕구'라고 하며, 마음이 불안정할 때 친화 욕구는 높아진다.

6. 사회적 배경과 주변 환경

고등학생이나 대학생이 되어 친구들이 연애를 시작하면, '내게도 연인이 있었으면' 하는 심리가 작동해 연애를 하고 싶어진다. 이는 동조행동 중 하나다. 점차 많은 친구에게 연인이 생기면 동조행동은 강박관념으로 바뀌고, 연인이 있어야 한다는 초조함은 더욱 커진다. 그리고 이상형으로 정해둔 상대의 순위가 내려가면서 연인 찾기가 수월해진다.

친구가 연애를 시작하면
나도 연애가 하고 싶어져
이는 동조행동 중 하나
모두 연인이 있다.
↓
나도 연애하고 싶다.
뒤쳐진 게 아니라
멋진 만남을
기다리고 있는 거라구!
?
Lock on...
내 꺼
냄새 난다!
기다려~
살려줘…
넌 내 꺼야!
사랑은 저 멀리에…

다리 위에서 싹튼 사랑

- 사랑의 흔들다리 이론 -

사랑은 다양한 장소에서 싹튼다. 사랑하는 데 장소가 중요하진 않지만, 사랑이 많이 피어나는 장소는 존재한다. 바로 두 다리가 덜덜 떨리는 높은 장소다.

연애 심리학에서 유명한 실험이 있다. 캐나다의 심리학자 도널드 더튼과 아서 아론 박사는 두 개의 다리에서 설문 조사를 했다. 첫 번째 다리는 계곡의 수십 미터 위에 있는 흔들다리이고, 두 번째 다리는 얕은 하천 위에 세워진 튼튼한 다리다. 여성이 다리를 건너는 18~35세 남성에게 설문 조사를 하면서 결과가 궁금하면 며칠 뒤 전화를 달라고 전화번호를 건넨다. 며칠 뒤 흔들다리에서 전화번호를 받은 남성들이 압도적으로 많이 연락을 해왔다. 그리고 연구 결과를 알고 싶다는 걸 핑계 삼아 추파를 던졌다고 한다. 왜 흔들다리를 건넌 남성들이 연락을 많이 했을까? 이것은 '흔들다리 이론' 또는 '사랑의 흔들다리 이론'이라고 부르는, 흔들다리에서 두근두근했던 감각을 연애의 두근거림이라고 착각한 데서 일어난 심리 효과다.

즉, 이런 심리 효과를 응용하면 연애도 원하는 대로 이끌어 갈 수 있다. 호감 있는 상대와 높은 장소에 올라가 두근거림을 공유한다. 여건이 안 된다면, 롤러코스터 같은 놀이기구도 유용하다. 손쉬운 방법으로는 공포영화를 함께 보는 것이 있다.

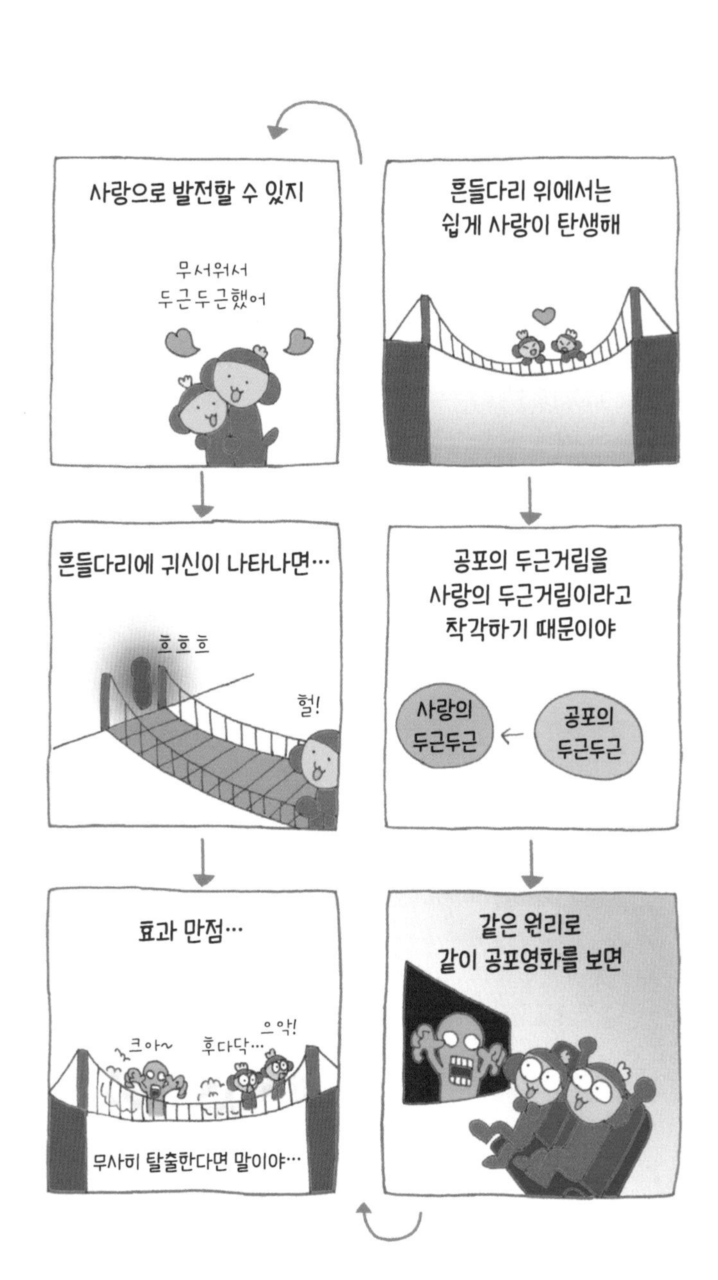

흔들다리 위에서는
쉽게 사랑이 탄생해
공포의 두근거림을
사랑의 두근거림이라고
착각하기 때문이야
공포의
두근두근
사랑의
두근두근
같은 원리로
같이 공포영화를 보면
사랑으로 발전할 수 있지
무서워서
두근두근했어
흔들다리에 귀신이 나타나면…
흐흐흐
헐!
효과 만점…
크아~
후다닥…
으악!
무사히 탈출한다면 말이야…

첫눈에 반하는 심리학
- 처음 본 순간 시작되는 사랑, 믿을만할까? -

세상에 '첫눈에 반했다.'는 말만큼 달콤한 표현은 없다. 처음 눈을 마주쳤는데 사랑이 싹트다니, 얼마나 로맨틱하면서도 서정적이란 말인가. 나와 상대가 동시에 첫눈에 반하는 일은 우연을 넘어 운명이라고 밖에 표현할 길이 없다. 첫눈에 반하는 것의 원리는 완전히 규명되지 않았다. 개인차도 있고, 자주 첫눈에 반하는 사람과 전혀 첫눈에 반하지 않는 사람이 있다. 평생 단 한 번 첫눈에 반했고 그 상대와 결혼했다는 일화도 많다. 어떻게 첫눈에 반하는 일이 일어나는 걸까? 현재, 몇 가지 가설이 있다.

인지 심리학의 견해로는 눈, 코, 입 같은 신체 부위가 닮으면 친근함이 생겨 그로 인해 사랑에 빠진다고 한다. 나와 닮았기에 친숙하고 그로 인해 안도감을 느낀다는 것인데, 어느 정도 이해가 간다. 또 면역 유형이 전혀 다른 사람에게 어떤 전달 물질을 느껴 사랑에 빠진다는 가설도 있다. 자신에게 없는 면역을 원하는 건 생리학적으로도 수긍이 간다. 아이러니하게도 전자는 비슷한 것을 후자는 다른 것을 상대에게 원하는 것이다.

최근, 다른 가설도 나왔다. 한순간 결론을 꿰뚫어 보는, '적응성 무의식'이라고 불리는 뇌의 작용이다. 감각과는 다른, 인간이 가진 순간적 판단 능력으로 누구나 한순간 사물의 본질을 꿰뚫는 능력이 있다는 것이다. 자주 반하는 사람이 적응성 무의식을 가지고 있다고 말하기 어렵지만, 일생에 한 번 일어나는 사람은 자신에게 어울리는 상대를 한순간에 꿰뚫어 볼 수 있을지 모른다. 첫눈에 반하는 건 단순한 일시적 감정이 아니라, 어쩌면 사랑의 본질일지도 모르겠다.

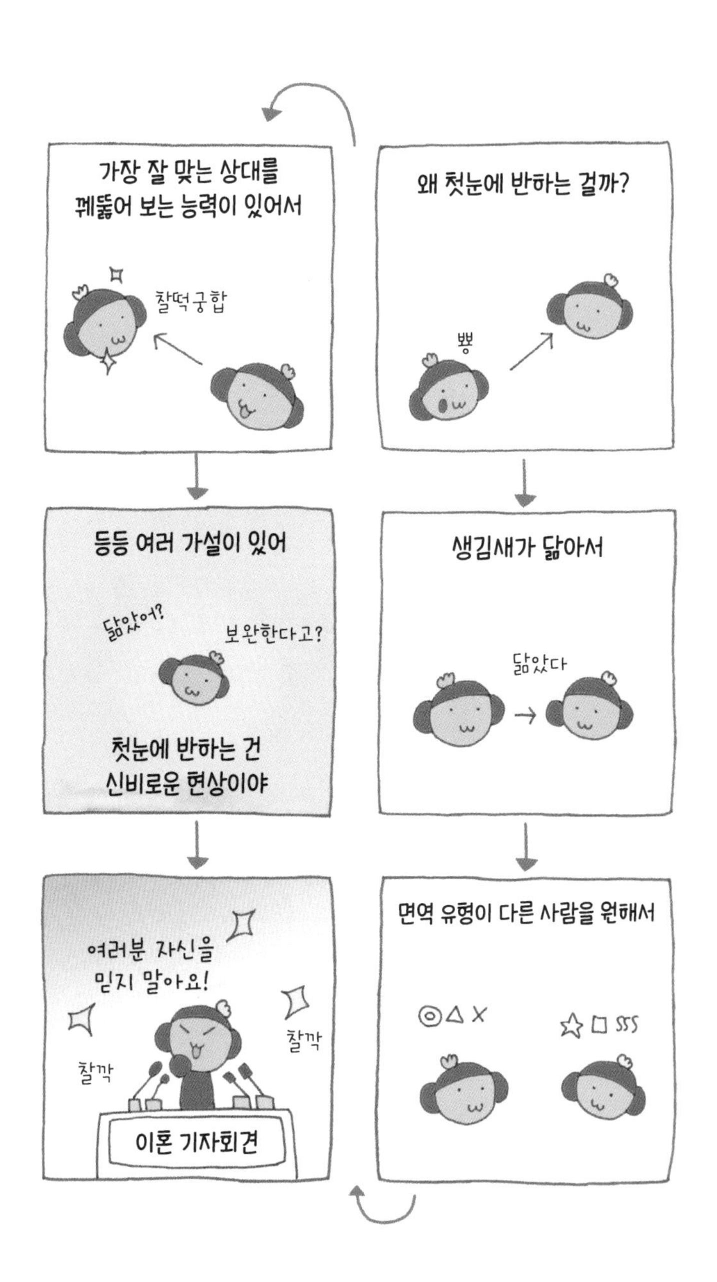

왜 첫눈에 반하는 걸까?
뿅
생김새가 닮아서
닮았다
면역 유형이 다른 사람을 원해서
◎△X
☆□SSS
가장 잘 맞는 상대를
꿰뚫어 보는 능력이 있어서
찰떡궁합
등등 여러 가설이 있어
닮았어?
보완한다고?
첫눈에 반하는 건
신비로운 현상이야
여러분 자신을
믿지 말아요!
찰깍
찰깍
이혼 기자회견

상대와의 거리를 좁히는 방법
- 마음을 여는 '자기 개시' -

평소와 비슷한 대화를 나누던 사람들이 어느 순간, 사랑에 빠질 때가 있다. 또 서로를 잘 모르던 두 사람이 어떤 계기를 맞으면서 관계가 깊어지기도 한다. 마음을 열고 상대에게 중요한 이야기를 전달할 때 이런 일이 일어난다. 누구에게도 말하지 않았던 비밀이나 가정 문제처럼 타인에게 쉽게 털어놓기 힘든 이야기를 나누는 것이다. 이를 '자기 개시'라고 한다. 말한 사람도 듣는 사람도 친밀감이 커진다. 자기 개시는 친한 상대에게 하는 행동이지만, 반대로 자기 개시를 들으면 친한 관계라고 믿는 역발상도 가능하다. 놀랍게도 자기 개시를 들은 사람은 비슷한 수준의 자기 개시를 하는 것으로 알려져 있다. 이것은 '상대가 저렇게까지 말하는데, 나도 털어놓자.'라는 심리다. 이를 '자기 개시의 반보성'이라 한다. 여성은 자기 개시를 관계 구축에 능숙하게 활용하는 반면, 남성은 자기 개시를 꺼리는 경향이 있다.

자기 개시와 비슷한 용어 중에 '자기 제시'가 있다. 자기 제시란 타인이 보는 나를 의식해 상대가 원하는 모습이 되려는 것으로, 의도적으로 자신을 만드는 것이다. 1986년 나카무라(中村) 교수는 실험을 통해 피험자에게 자기 자랑과 자기 비하를 자기 제시하고 그 비율에 따라 호감이 어떻게 달라지는지 조사했다. 그러자 자기 자랑이 60% 비율로 포함된 걸 가장 선호한다는 사실이 밝혀졌다. 자랑거리가 너무 많아도 적어도 불편해한다는 뜻이다.

쉽게 이야기하지 않는
비밀을 털어놓으면

헐!
사실 어렸을 때 원숭이 같다는 말을 들어서…

상대가 마음을 열기 쉬워

그리고 비슷한 수준의
비밀을 털어놓는 경우가 많지

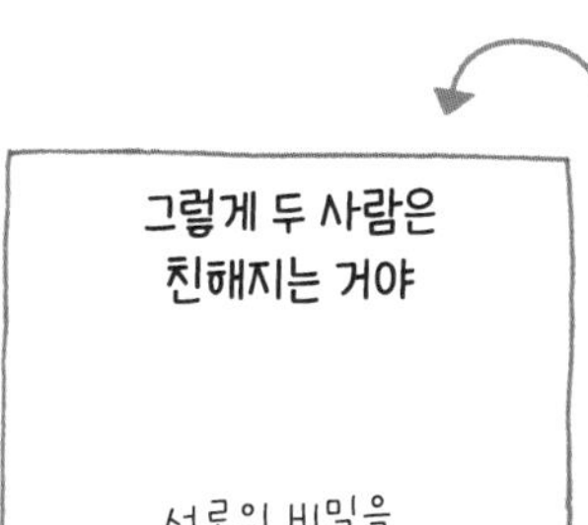

그렇게 두 사람은
친해지는 거야

하지만 적당한 선이 중요해

과하게 털어놓으면 싫어할 수 있다구!

역시 첫인상이 중요
- 첫인상을 결정하는 '초두효과' -

첫인상은 매우 중요하다. "나는 첫인상으로 상대를 판단하지 않아."라고 말하는 사람도 있다. 하지만 적어도 첫인상은 인물을 평가하는 데 있어 큰 비중을 차지한다. 실험을 하나 해보자. 다음은 두 사람의 소개문이다. 편견 없이 들어 보자.

A씨는 A 상사에 근무하는 28세 남성이다. 그는 동료에게 성실하다는 평가를 받는다. 끈기가 없는 게 결점이지만, 후배들로부터 신뢰가 두텁다.

B씨는 B 상사에 근무하는 28세 남성이다. 그는 끈기가 없는 게 결점이다. 하지만 동료에게 성실하다는 평가를 받고 후배들로부터 신뢰가 두텁다.

어떤 사람에게 호감을 느끼는가? 기본적으로 똑같은 말을 하고 있어 큰 차이를 못 느낄지 모른다. 하지만 B씨의 '끈기가 없다.'는 결점이 인상에 남을 것이다. 두 글은 '끈기가 없다.'는 문장의 위치만 다를 뿐이다. 이를 '초두효과'라고 하며, 처음에 나온 내용이 전체 인상을 좌우하는 심리 효과다. 이처럼 처음에 주어진 정보는 중요하며, 사람을 처음 만날 때 옷차림과 말투에 신경 쓰지 않으면 뒤에 따라오는 평가까지 달라질지 모른다. 첫인상은 그만큼 중요하다.

형사가 된 몽돌이가
배치 첫날을 맞이했다
어느 쪽이 좋을까?
몽돌이는 첫인상의
중요성을 알고 있어
청바지에
하얀 티셔츠를
입고
발랄함과
젊음을
어필하자.
사람은 첫인상으로 평가하는
경향이 있어
너는
청바지다!
상사
괜찮은
별명이야~
부릉…
으악
철퍼덕
상사
몽돌이입니다.
너는 땡땡이
바지다!
상사

만나면 만날수록 커지는 호감

- '단순 접촉의 원리' '근접 요인' '숙지성의 법칙' -

앞서 사람에게는 개인적 공간이라는 특별한 공간이 있다고 설명했다. 이 공간에는 호감이 없는 상대를 들이고 싶지 않아 하고, 마음에 드는 이성이 들어오기를 바란다. 하지만 인간은 불가사의한 존재라 이 공간에 장시간 머물면 관심이 없는 상대라도 점점 호감을 느끼게 되는데, 이를 '단순 접촉의 원리'라고 한다. 또 가까운 거리에 있는 상대에게 호감을 느끼는 것을 '근접 요인'이라고 한다. 마지막으로 학교나 회사처럼 자리가 정해져 있는 장소에서는 가까운 거리에 있는 이성에게 쉽게 호감을 느끼는 경향이 있다. 그리고 상대를 이해하면서 호감이 커진다. 이를 '숙지성의 법칙'이라고 한다. 이 세 가지의 심리 효과가 연애의 왕도다. 하지만 이 세 가지 심리 효과는 오히려 역효과를 낳기도 한다. 거절당하고 나서, 가까이에 있어야 호감이 생긴다며 주위를 맴돌면 나쁜 감정을 더욱 악화시킨다. 반대로 거리가 떨어져 있어 서로 자주 만나지 못하면 사랑은 식는다.

미국의 심리학자 보사드가 약혼 중인 5,000쌍의 커플을 조사했는데, 멀리 떨어져 살수록 결혼에 골인하는 확률이 낮았다고 한다. 물리적 거리가 멀어지면 심리적 거리도 멀어진다. 이를 '보사드 법칙', '사랑과 거리의 반비례 법칙'이라고 한다. 로미오와 줄리엣 효과처럼 장애물은 두 사람의 사랑을 깊게 하지만, 거리는 좀처럼 극복하기 어려운 모양이다.

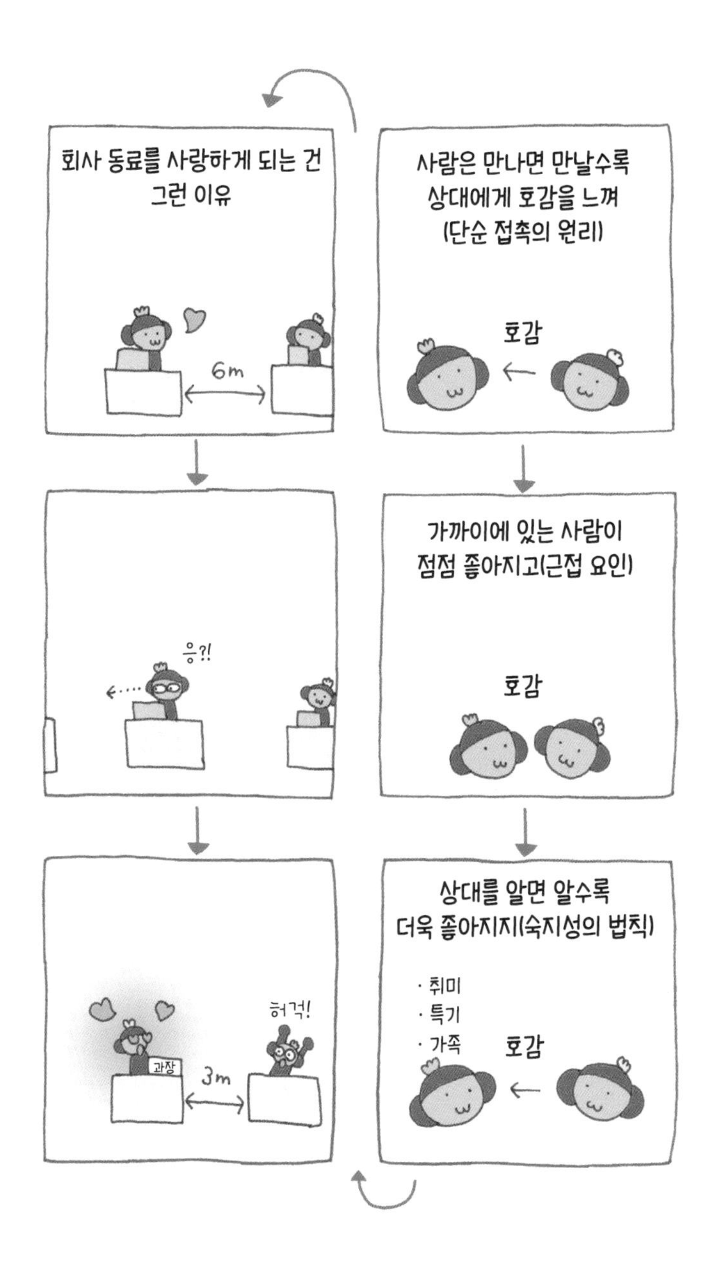

사람은 만나면 만날수록
상대에게 호감을 느껴
(단순 접촉의 원리)
호감
가까이에 있는 사람이
점점 좋아지고(근접 요인)
호감
상대를 알면 알수록
더욱 좋아지지(숙지성의 법칙)
· 취미
· 특기
· 가족
호감
회사 동료를 사랑하게 되는 건
그런 이유
6m
응?!
허걱!
과장
3m

연애 고수의 꼬드기기 기술
- 먼저 깎아내리고 나서 칭찬하면 효과적 -

연애 고수라고 불리는, 무뚝뚝하지만 연애에 능숙한 남자가 있다. 그는 여타 가벼운 남자들과 달리 대놓고 여자를 칭찬하지 않고 "화장이 너무 진해."라고 차갑고 퉁명스럽게 말한다. 하지만 이내 "예쁜 얼굴을 다 가려버리잖아."라는 말을 덧붙였다. 그 말을 들은 여자가 남자에게 끌리게 된다. 이것은 어떤 현상일까? 아래 문장에서 가장 인상에 남는 방법을 골라보자.

· 처음부터 끝까지 칭찬한다.
· 처음에 칭찬하고, 나중에 깎아내린다.
· 처음에 깎아내리고, 나중에 칭찬한다.
· 처음부터 끝까지 깎아내린다.

상대에게 가장 깊은 인상을 주는 건 '처음에 깎아내리고, 나중에 칭찬하는' 방법이다. 한번 무시당하면 상대는 자존심에 상처를 입는다. 그 후 칭찬받으면 추락한 감정이 보상되면서 대단한 칭찬을 받았다는 기분이 든다. 칭찬하는 데 효과적인 방법이다. 하지만 전후 격차를 노리고 처음부터 너무 심한 말을 하면 효과를 거둘 수 없다. 가장 해서는 안 되는 방법은 '처음에는 칭찬하고, 나중에 깎아내리는' 방법으로 매우 심하게 무시당한 기분이 든다. 하지만 무시의 격차가 크지 않거나 말투나 사용 방법에 따라서는 칭찬하면서 좋은 첫인상을 구축하면, 나중에 깎아내려도 상대가 기분 나쁘게 생각하지 않을 수도 있다.

연애 고수는 상대를
깎아내리고 나서
너 원숭이구나!
칭찬하지
정말?
내가 아는 원숭이 중에 최고야
너무 심했나.
그러면 상대는 호감을 느끼지
끌어 올려!
자존심
한편… 여기 연애초보자 있어
그도 처음에는 깎아내리는데…
넌 못생긴 데다 성격도…
도를 넘어서…
다음 대사까지…
뭐 저런 게 다 있어
가지도 못하지…

바는 왜 어두컴컴할까?
- 어둠 속에 있는 사랑의 기회 -

바는 좀처럼 발을 들여놓기 어렵다. 긴 테이블과 어두운 조명, 무엇보다 어른들이 술을 즐기는 장소라는 이미지가 강하다.

미국 서부 개척 시대, 술에 취한 손님이 마음대로 술통에서 술을 꺼내 마시려 하자 손님 자리와 술통 사이에 가림막을 설치했다. 이후 이것이 긴 테이블이 되면서, 현재에 이르렀다. 술집에서는 마주 앉을 확률이 높지만, 바에서는 옆으로 약 70~80cm의 거리를 두고 밀착해서 앉는다. 상대의 개인적 공간에 들어가게 되는 것이다. 상대의 개인적 공간에 장시간 머물면 수월하게 사랑으로 발전한다.

바가 어두컴컴한 데는 몇 가지 이유가 있다. 인간을 포함한 생명체는 자연스럽게 밝은 곳으로 시선을 돌린다. 그런데 어두컴컴해서 시각 정보가 차단되면 편하게 술을 마실 수 있다. 그뿐만이 아니다. 사랑을 이야기할 때는 희미한 조명이 효과적이다. 심리학자인 케네스 거겐이 밝은 방과 어두운 방에서 남녀의 행동이 어떤 식으로 달라지는지 조사했더니 어두운 방에서는 신체를 밀착시켜 친밀감이 높아졌다. 즉, 어두운 조명은 남녀의 사이를 좁히는 효과가 있다.

또 술을 마시면 가시성이 나빠지고 상대의 외모를 원래보다 출중하다고 평가하게 된다. 술을 마신 상황에서 주변까지 어둡다면 효과는 절대적이다. 바는 장소 선택을 통해 자신의 센스를 어필하는 동시에 자신의 외모를 아름답게 연출할 수 있는, 그야말로 일석이조의 장소다.

바가 어두컴컴한 데는
이유가 있어
뽀득
뽀득
어두우면 정보가 차단돼서
어둡다
침착
안 보임
술을 즐기게 돼
그뿐만 아니라,
친밀감이 커지고
더 예뻐 보이기까지!
바는 남녀에게 있어
최고의 장소야
사장님 계산이요!
계산서
맥주 60만 원
바나나 80만 원
합계 140만 원
띠용
바가지를 씌우는 바가 아니라면…

호텔 바는 왜 맨 꼭대기 층에 있을까?
- 그야말로 연애하는 데 최적의 공간 -

대부분 바는 지하에 있다. 그런데 호텔 바는 왜 맨 꼭대기 층에 있을까? 이는 오랜 세월 동안 연애 심리학자들의 궁금증이었다. 이 질문은 지상전과 공중전을 다 겪은 심리학자들의 실험에 의해 거의 해결되었다.

도심의 호텔 바에서 보이는 야경은 굉장히 아름답다. 기분이 좋으면, 곁에 있는 사람의 인상까지 좋아 보이는 심리 효과가 있다. 술이나 식사를 즐기면서 야경을 바라보면 효과는 더욱 좋다. 신체를 밀착시킨 어두운 공간에서 맛있는 음식을 먹으며 기분 좋은 시간을 공유하는 호텔 바는 둘의 관계를 진척시키는 데 최적의 공간이다. 또 고객층 또한 바의 분위기를 조성하는 중요한 요소 중 하나이다. 호텔에는 외국인 숙박객이 많다. 신기하게도 바에 외국인이 있는 것만으로도 분위기가 부드러워진다. 이는 어떤 인테리어보다 효과적이다. 여기에 재치 있는 한마디가 더해진다면 효과는 더욱 좋다.

'연애 고수 요다'라는 연애의 달인이 있다. 그는 항상 몇 번 데이트를 한 후, 마지막 코스로 호텔 바를 찾는다. 여성이 "야경이 정말 아름다워요."라고 말하면, 지체 없이 "당신이 더 아름답군요."라며 되받아쳐서 꽤 높은 확률로 여성의 마음을 연다. 어느새 그의 손에는 객실 열쇠가 들려 있다. 바는 호텔의 맨 꼭대기 층에 있어 아래층에 있는 객실까지 접근성이 좋다. 우리는 이를 '사랑의 샤워 효과'라고 부른다. 호텔 바에서 경계해야 할 상황이기도 하다.

호텔 맨 꼭대기 층에 있는 바는
최적의 연애 장소
아름다운 야경이 둘의 관계를
발전시키지
어둠 속에 떠 있는 빛에는 암시
효과도 있어
호텔 바에 있는 외국인은
어떤 인테리어보다
효과적이기도 해
분위기가
좋아요!
다음 주는
이탈리아 손님이
오시나요?
치얼스~
독일인 손님
퇴장하십니다.

사랑의 'SVR 이론'
- 연애는 3단계 -

사랑에도 이론이 있다. 미국의 사회심리학자 버나드 머스타인의 'SVR(Stimulus-Value-Role Theory) 이론'에 따르면 두 사람이 만나서 결혼에 이르기까지 세 단계가 있다고 한다.

S단계 자극 단계(Stimulus)
상대의 외모나 행동, 성격에 자극받는다.
V단계 가치 단계(Value)
포인트는 사고방식과 행동의 유사성이다.
R단계 역할 단계(Role)
서로의 역할을 분담하고 보완한다.

첫 만남에는 외모, 행동, 성격 등이 중요하다. 외부 자극을 받는 단계로 타인에게 들은 평판도 포함된다. 만남을 거쳐 사귀게 된 두 사람은 가치 단계로 들어간다. 여기서는 함께 행동하는 일이 많아지고 취미, 취향, 가치관의 유사성이 중요하다. 나아가 관계가 더욱 발전하기 위해서는 유사한 가치관 뿐 아니라, 서로의 역할을 분담하는 것이 중요하다. 예로는 지배적 여성과 복종적 남성, 뒷바라지하고 싶어 하는 여성과 뒷바라지를 바라는 남성 등이 있다. 어떤 심리학자는 부부관계가 원만해지려면 서로를 보완하는 관계여야 한다는 '상보성'을 주장한다.

즉, SVR 이론은 '외모와 행동에 끌려 만난 두 사람이' '서로의 가치관을 인정하며 연인이 되고' '상호 보완적 관계가 되어 결혼'으로 발전한다는 것이다. 결혼까지 도달하지 못한 커플은 서로 보완하지 못했던 걸지도 모른다. 그리고 연인과 헤어진 건 가치관을 서로 인정하지 않았다는 뜻일지도 모른다.

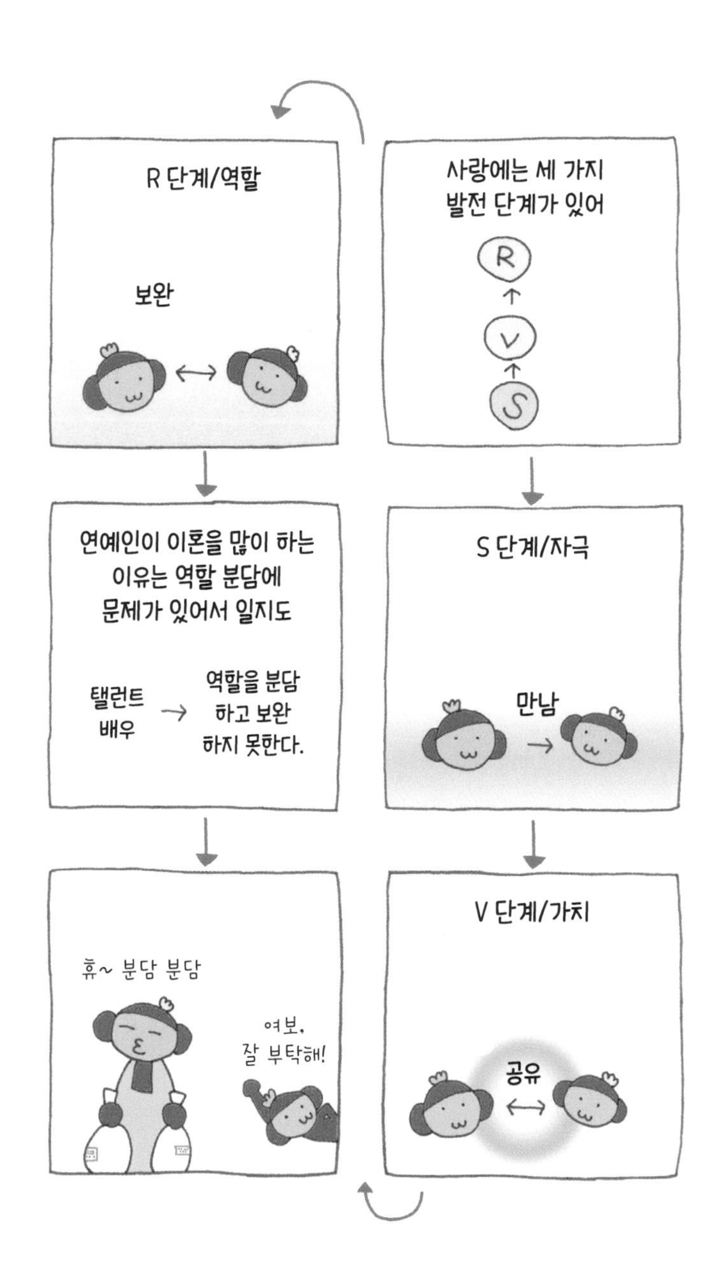
사랑에는 세 가지
발전 단계가 있어
R
V
S
S 단계/자극
만남
V 단계/가치
공유
R 단계/역할
보완
연예인이 이혼을 많이 하는
이유는 역할 분담에
문제가 있어서 일지도
탤런트
배우
역할을 분담
하고 보완
하지 못한다.
휴~ 분담 분담
여보,
잘 부탁해!

'23인치'에 집착하는 이유
- 동조효과에 관한 연구 -

다양한 업계에 암묵적인 사이즈가 존재한다. 예를 들어 기업에서 사용하는 서류는 A4, 명함 사이즈는 91×55mm, 캔 사이즈는 350ml, 생수병은 500ml라는 식이다. 모델 업계도 마찬가지다. 모델 프로필을 보면 대부분 여성의 허리는 23인치다. 개성이 중요한 키워드가 된 지 오래된 현대 사회에서 일괄적으로 허리가 23인치라니 말도 안 된다. 왜 이런 현상이 생긴 걸까?

모델 업계에서는 허리둘레가 20인치대여야 한다는 암묵적 규칙이 있다. 허리가 24, 25인치라고 해도 모두 23인치라고 적는다. 바로 '동조행동'이다. 거짓말이라는 걸 알지만, 혼자만 다른 게 싫은 거다. 자기 체형에 콤플렉스를 갖고 있고, 자신감이 부족한 경우 이런 현상이 두드러진다.

왜 허리 사이즈에 집착하게 되었는지는 미지수다. 눈으로 봤을 때 예뻐서 그런 건지, 미의 기준이 되는 체형이라는 신앙이 있어서 그런 건지 알 수 없다.

모델의 허리둘레는
모두 23인치
B82 W59 H81
B88 W59 H86
B- W59 H-
동조효과 중 하나야
나도 프로필에는
23인치로
목표 사이즈일지 모르지
W 59
달성 목표!
특히 콤플렉스나 강박관념이
있으면 동조효과가 강해져
그게
나도
그게
머뭇
머뭇
초등학교에서 답을 몰라도 손부터
들고 보는 심리도 마찬가지야
아는 사람?
왜 이럴 때만 꼭 당첨되는지…
몽룡이~
허걱

지각과 기억의 신비 (인지 심리학 편)

인간이 정보의 80% 이상을 시각으로 판단한다. 하지만 의외로 시각은 미덥지 못한 감각 기관이다. 제4장에서는 미덥지 못한 시각과 든든한 청각의 흥미로운 효과와 기억 메커니즘에 관해 이야기해 보자.

인지 심리학이란?
- '지(知)'를 연구하는 심리학 -

'인지'란 일반적으로 '앎'이라는 의미로 통용되는 용어지만, 심리학에서 말하는 '인지'는 조금 다르다. 인지 심리학이란 지각, 기억, 사고, 학습과 같은 '지(知)'의 영역을 다룬다. 다시 말해, 인간이 듣고 보고 기억하는 메커니즘을 연구하는 학문이다. 정보공학과 관련된 용어가 많아 난해한 영역이기도 하다. 여기서는 가능한 한 쉽고 간결한 표현으로 설명하려 한다. 그래도 어려울 수 있지만, 심리학의 다양한 영역 중에서도 특히 재미있는 영역이다.

인지 심리학은 사용이 편리한 전자제품, 운전하기 편한 자동차, 보기 편한 TV나 컴퓨터 모니터, 휴대전화 화면 등의 연구 개발에도 활용된다. 나아가 시 · 청각 장애인을 위한 공헌에도 기대해 볼 만하며, 인공 눈 개발에도 활용되는 미래 지향적 심리학이다.

먼저, 인지 심리학에서 말하는 '기억'에 대해 살펴보자. 여기서 문제. 인간이 순간 기억할 수 있는 숫자는 몇 자리까지일까? 4자리일까, 아니면 10자리까지 기억할 수 있을까? 미국의 심리학자 조지 밀러에 따르면 인간이 단기에 기억할 수 있는 숫자는 7개로 개인에 따라 ±2개 정도 차이가 난다고 한다. 집 전화번호는 지역번호를 제외하면 6~7자리, 휴대전화도 '010'을 제외하면 8자리다. 이것은 인지 심리학적으로 단기에 기억할 수 있는 최대 숫자다. 단순하게 8자리를 나열하면 너무 많아 기억할 수 없지만. '010-○○○○-○○○○'처럼 4개씩 2세트로 만들면 외우기 쉬운 숫자 조합이 된다. 전화번호의 길이는 기능적이다.

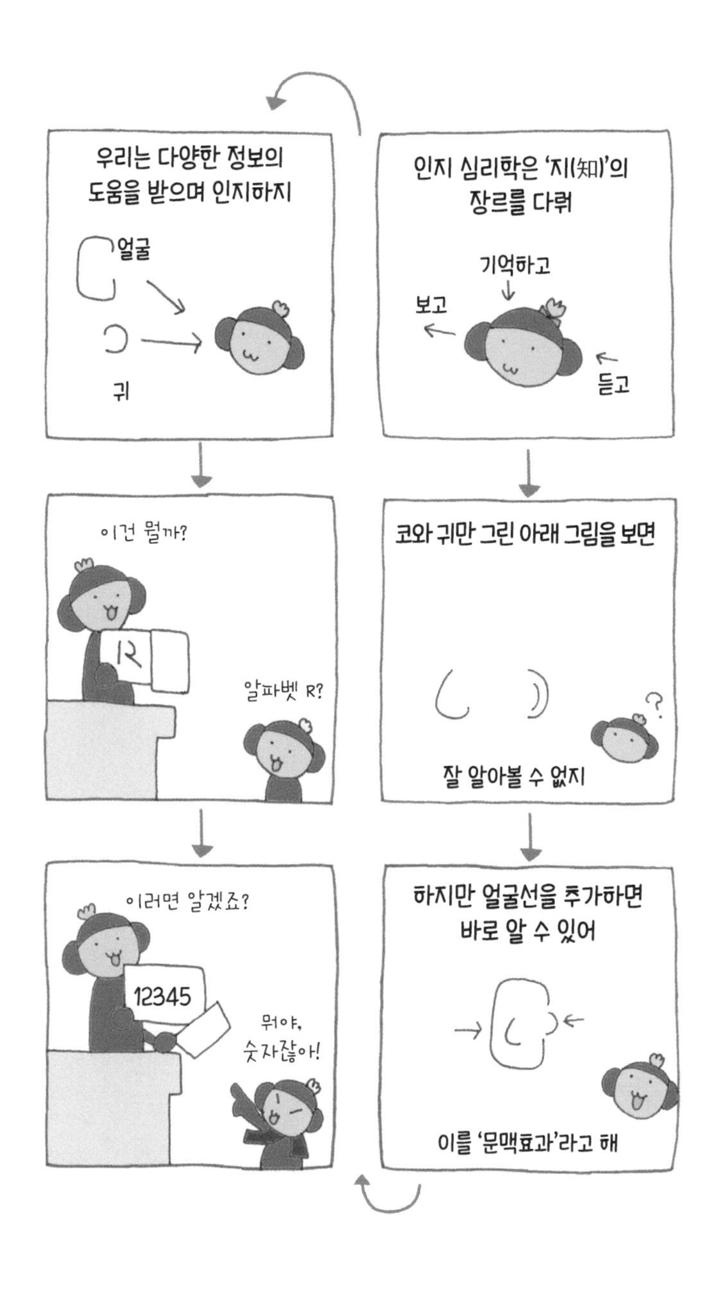

인지 심리학은 '지(知)'의
장르를 다뤄
기억하고
보고
듣고
코와 귀만 그린 아래 그림을 보면
잘 알아볼 수 없지
하지만 얼굴선을 추가하면
바로 알 수 있어
이를 '문맥효과'라고 해
우리는 다양한 정보의
도움을 받으며 인지하지
얼굴
귀
이건 뭘까?
알파벳 R?
이러면 알겠죠?
12345
뭐야,
숫자잖아!

감각 기능의 역할과 특징
- 지각을 지탱하는 다섯 가지 감각 기능 -

사람은 눈, 코, 귀 등의 기관을 통해 외부 정보를 입수하고 뇌에 저장해 상황을 판단한다. 정보를 인식하는 일을 '지각'이라고 부른다. 동일한 정보를 얻었을 때 사람들은 같은 행동을 하기도 하고, 사람마다 전혀 다른 행동을 하기도 한다. 여기서는 지각하는 데 필요한 대표 감각 기능에 관해 이야기해 보자.

■ 시각: 빛이 망막의 시각세포를 자극

감각 중에서도 가장 정보량이 많은 곳이다. 개인차는 있지만, 80% 이상은 시각에 의존해 사물을 인지한다. 그 대신 오류가 발생하기 쉬운 감각 기관이다.

■ 청각: 공기 진동이 고막에서 내이로 전달

시각에 이어 정보량이 많은 감각이다. 단, 양은 시각과 비교해 1/10 이하다. 시각과 달리 모든 방향의 정보를 수용한다. 거리나 방향까지 특정할 수 있는 우수한 기능을 가지고 있지만, 시각과 마찬가지로 오류가 발생한다.

■ 촉각: 피부에 있는 감각점을 자극

직접 접촉한 정보를 파악할 수 있다. 시각이나 청각과 달리 쉽게 오류를 일으키지는 않는다. 특히 손가락은 민감하다.

■ 후각: 공기 중의 입자가 코의 후각세포를 자극

기억이나 정신과 강하게 연결되어 있으며, 특정 냄새가 기억의 방아쇠가 되거나 기분 좋은 향기로 마음이 안정되기도 한다. 후각은 원시적 감각이다. 동물과 비교해 인간의 후각 기능은 약하다.

■ 미각: 자극물이 혀의 맛봉오리를 자극

감각 기능 중 가장 약하다. 본능과 강하게 연결되어 있고 미각 자극을 원하는 사람이 많다. 혀라는 한정된 부위에서만 기능한다.

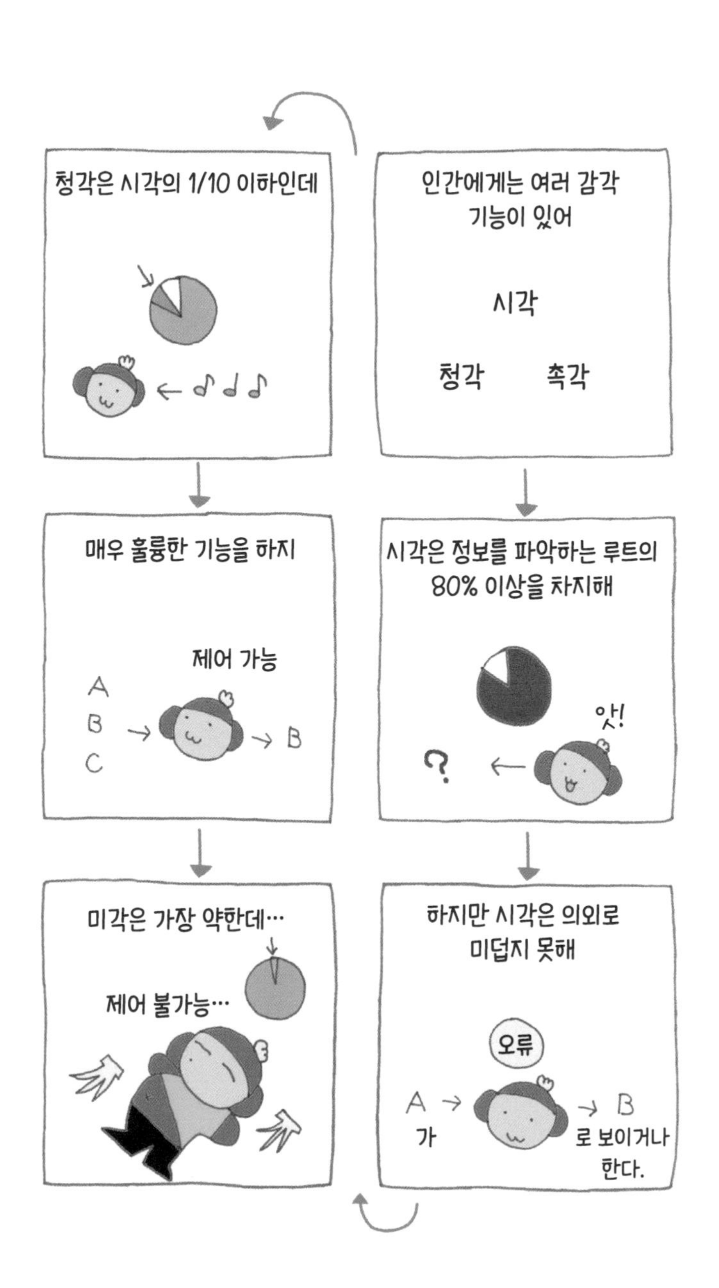

인간에게는 여러 감각 기능이 있어
시각
청각
촉각
시각은 정보를 파악하는 루트의 80% 이상을 차지해
앗!
?
하지만 시각은 의외로 미덥지 못해
오류
A → → B
가
로 보이거나 한다.
청각은 시각의 1/10 이하인데
매우 훌륭한 기능을 하지
제어 가능
A
B → → B
C
미각은 가장 약한데…
제어 불가능…

눈이 어둠에 익숙해지는 이유는?
- 암순응과 명순응 -

밤에 불을 끄면 깜깜해져 아무것도 보이지 않다가 시간이 지나면서 점차 방 안 모습이 보이기 시작한다. 영화관에서도 처음에는 안 보이다가 점차 좌석이 눈에 들어온다. 어둠에 눈이 익숙해지는 현상으로, 이를 '암순응'이라고 한다. 반대로 어두운 곳에 있다가 밝은 곳으로 나오면 눈이 부셔 눈이 작게 떠지고 점차 익숙해지면서 잘 보인다. 이를 '명순응'이라고 한다. 순응이란 자극에 대한 감각 기능을 변화시키는 것으로 환경에 대한 적응적 변화다. 명순응은 비교적 빨리 대응할 수 있지만, 암순응은 시간이 걸린다. 망막 내에 있는 색소체 로돕신의 기능이 영향을 준다. 고령자는 암순응에 필요한 시간이 길고, 감도도 약하다고 한다. 그래서 고령자의 방을 갑자기 어둡게 하거나 조명을 너무 어둡게 하지 않도록 주의해야 한다.

암순응, 명순응을 배려한 장소가 있다. 고속도로에 있는 터널은 순응을 배려한 구조로 되어 있다. 터널에 들어가면 어두워지고 빠져나오면 밝아진다. 그래서 터널에는 눈이 익숙해지기 쉽도록 입구 근처와 출구 근처에는 조명이 더 많이 설치되어 있다. 그래서 운전자의 눈은 단계적으로 밝기를 받아 갑작스러운 상황에도 기능할 수 있다. 만약 터널이 깜깜하기만 하면 운전자는 터널에 들어간 순간 패닉상태에 빠질 것이다. 예전에는 이런 배려 장치가 없어 사고가 자주 발생했다. 그래서 운전자가 한쪽 눈을 감고 터널에 들어가는 등, 알아서 순응을 조절해야 했다.

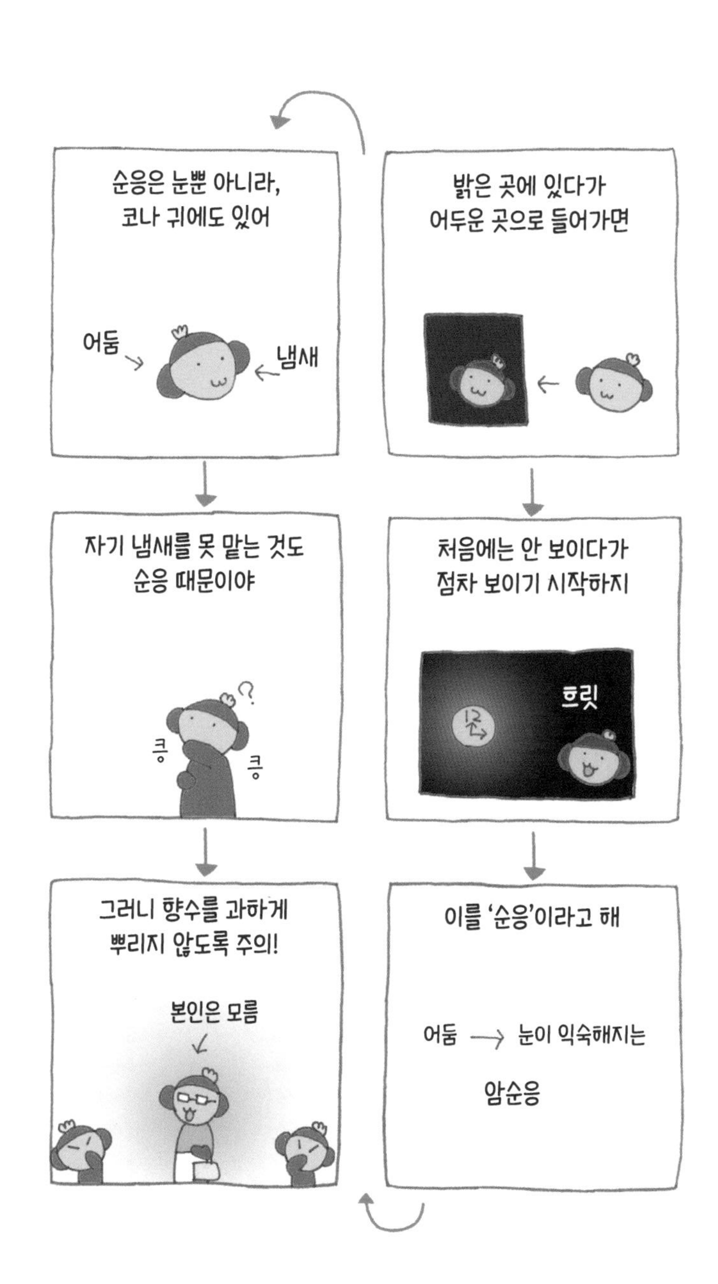
밝은 곳에 있다가
어두운 곳으로 들어가면
처음에는 안 보이다가
점차 보이기 시작하지
흐릿
이를 '순응'이라고 해
어둠 → 눈이 익숙해지는
암순응
순응은 눈뿐 아니라,
코나 귀에도 있어
어둠
냄새
자기 냄새를 못 맡는 것도
순응 때문이야
킁
킁
그러니 향수를 과하게
뿌리지 않도록 주의!
본인은 모름

누구나 헷갈리는 '스트루프 효과'
- 두 가지 정보가 서로 간섭하는 현상 -

간단한 실험을 해 보자. 우선 아래 글자를 읽어 보자.

파랑 노랑 빨강 초록 파랑 빨강 초록 노랑

이어서 아래 색을 말해보자.

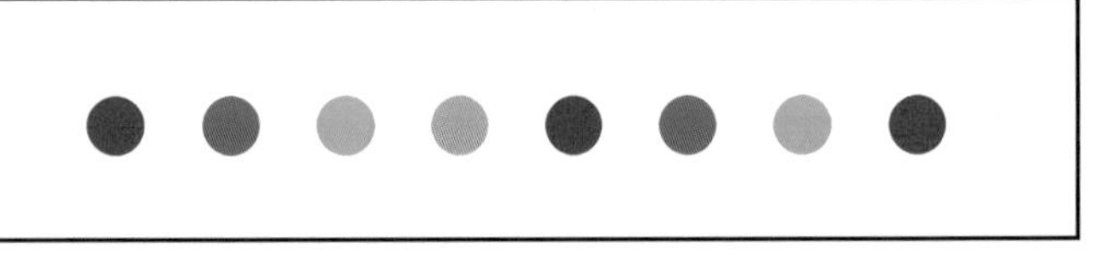

답변에 큰 어려움이 없었을 거다. 그럼 이어서 아래 문자의 색을 말해 보자.

파랑 노랑 빨강 초록 파랑 빨강 초록 노랑

순간 헷갈렸을 수 있다. 문자의 의미와 문자의 색, 동시에 두 종류의 정보를 처리하려 하자 간섭이 일어나 반응 속도가 느려진다. 단어를 읽는 속도가 색상 이름을 인지하는 속도보다 빠르기 때문에 일어나는 현상이라고 한다. 이 현상을 발견한 심리학자 스트루프의 이름을 따와 '스트루프 효과 Stroop effect'라고 부른다. 문자의 색을 말해야 하는데 나도 모르게 뜻을 읽고 대답하기도 하는데, 특히 나이가 들수록 그런 현상이 강해진다고 한다.

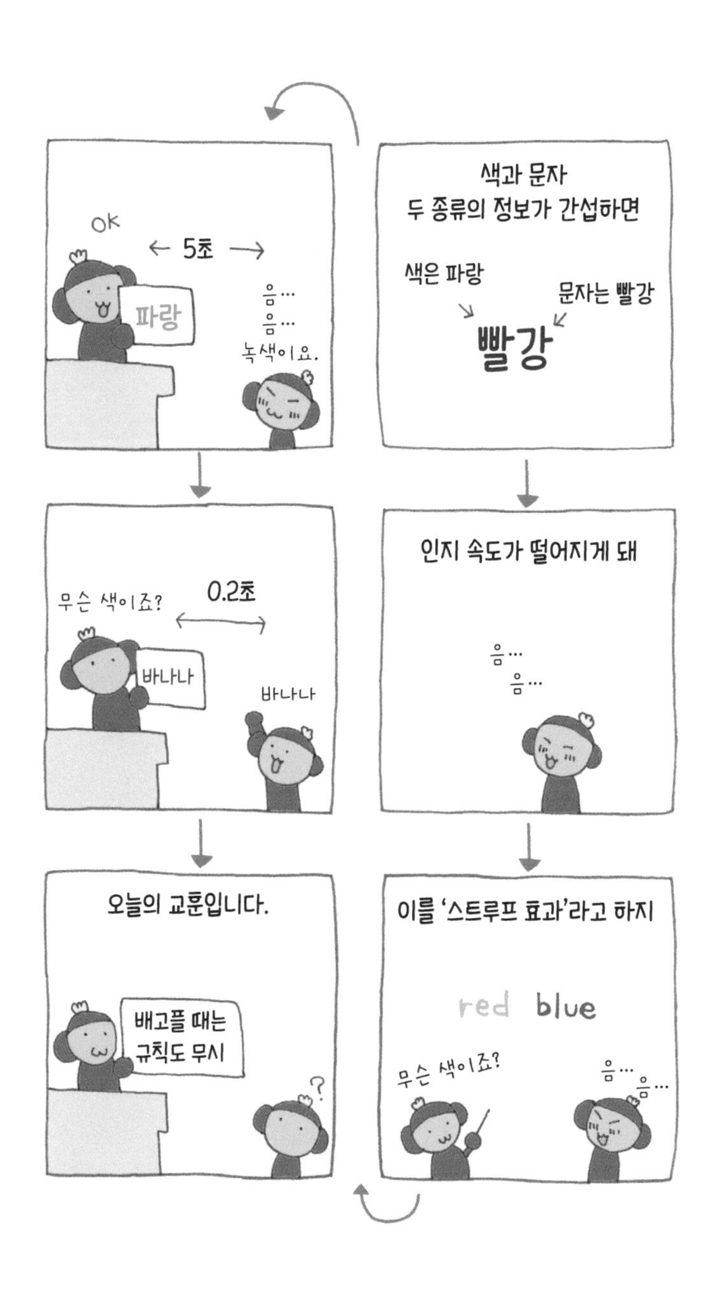
색과 문자
두 종류의 정보가 간섭하면
색은 파랑
문자는 빨강
빨강
인지 속도가 떨어지게 돼
음…
음…
이를 '스트루프 효과'라고 하지
red blue
무슨 색이죠?
음…
음…
OK
← 5초 →
파랑
음…
음…
녹색이요.
무슨 색이죠?
0.2초
바나나
바나나
오늘의 교훈입니다.
배고플 때는
규칙도 무시
?

복잡성과 크기 항상성
- 거리감과 크기 -

아래 그림은 원숭이 두 마리가 복도에 서 있는 그림이다. 왼쪽 그림은 평범한데 오른쪽 그림은 어색하다고 느껴진다.

실제로 원숭이 두 마리는 오른쪽 그림에 있는 것처럼 크기가 다르다. 하지만 왼쪽처럼 깊이가 있는 곳에 배치하면 이질감이 없다. 이를 '크기 항상성'이라고 한다. 대상물의 거리가 달라지면, 당연히 눈으로 본 크기도 달라진다. 하지만 사람은 시각을 자동으로 수정하고 실제 크기를 추측한다. 특히 키, 페트병 크기, 자동차 크기 등은 경험으로 크기를 알고 있다. 그래서 그것을 우선한다. 항상성은 매우 강력한 효과가 있어, 느낀 그대로의 풍경으로 그림을 그리면 올바른 비율의 그림을 완성할 수 없다. 풍경화를 그릴 때 알아두면 유용한 효과다.

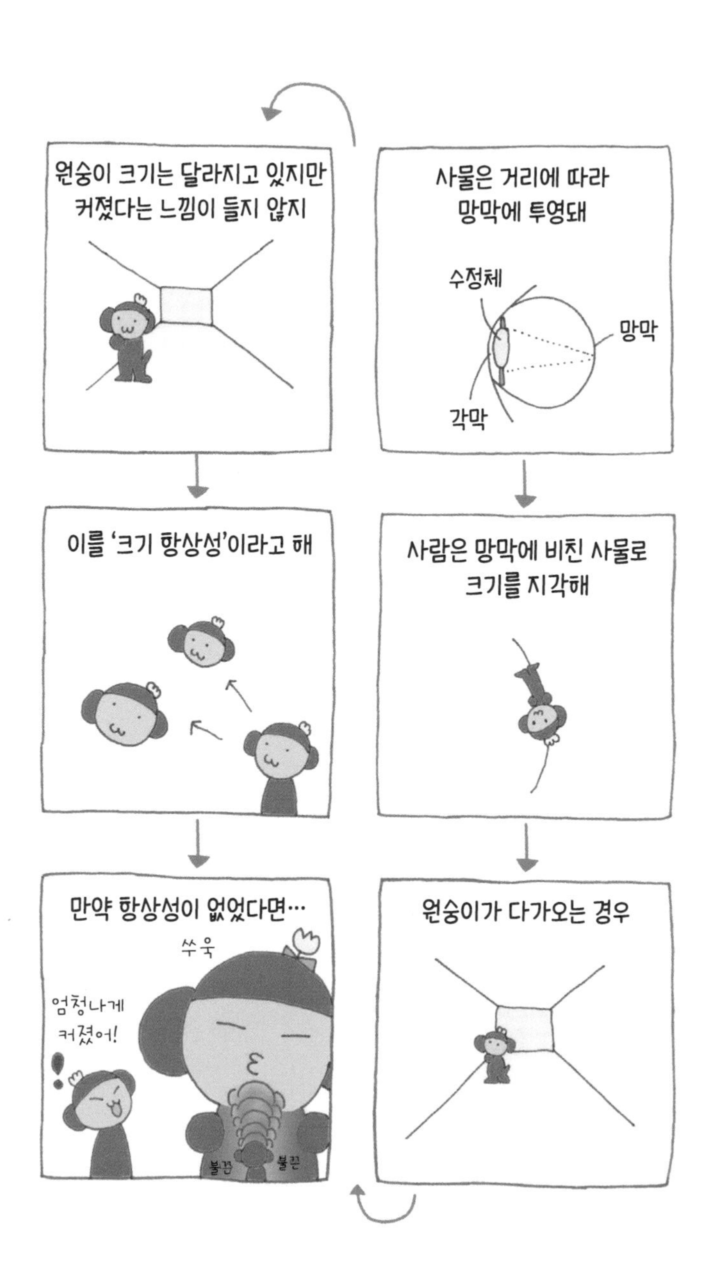

사물은 거리에 따라
망막에 투영돼
수정체
망막
각막
사람은 망막에 비친 사물로
크기를 지각해
원숭이가 다가오는 경우
원숭이 크기는 달라지고 있지만
커졌다는 느낌이 들지 않지
이를 '크기 항상성'이라고 해
만약 항상성이 없었다면…
쑤욱
엄청나게
커졌어!
불끈
불끈

눈의 착각 '착시' ①
- 길이가 달라지는 직선/왜곡된 직선 -

앞에서 상식과 고정관념이 시각에 주는 영향을 설명했지만, 시각에 관한 착각도 있다. 이를 심리학에서는 '착시'라고 부른다. 착시는 여러 이유로 발생하지만, 주로 본인이 가진 정보처리 패턴이 고정되어 있기 때문이라고 한다.

■ **뮐러-라이어 착시**

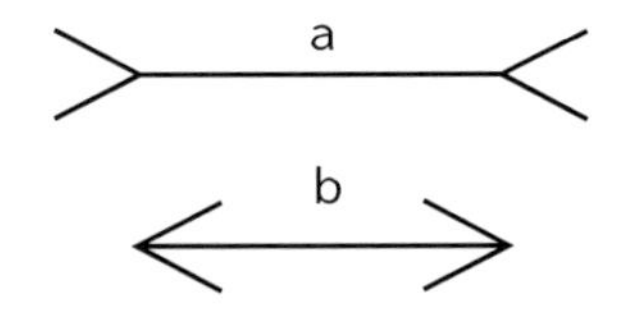

a와 b의 중심에 있는 선의 길이는 같지만, b가 짧아 보인다. 길이의 착각이다.

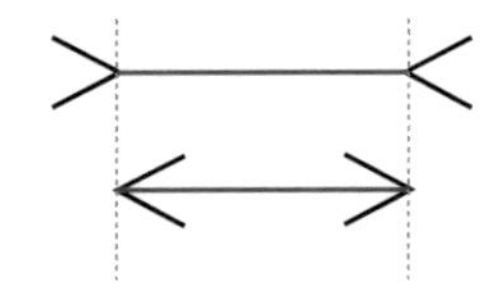

■ **볼드윈 착시**

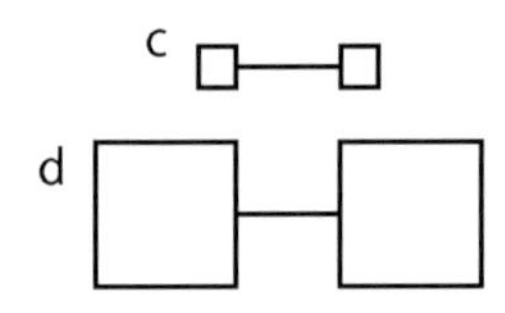

사각형 사이에 끼어 있는 선. c보다 d가 짧게 느껴진다. 이것은 사각형의 크기에 따라 느껴지는 깊이에 의한 착시다.

■ 폰조 착시

삼각형 내부에 평행으로 같은 길이의 두 선을 넣는다. 이때 위의 선이 길어 보인다.

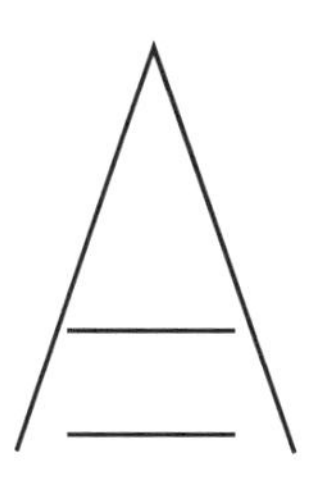

■ 죌러의 착시

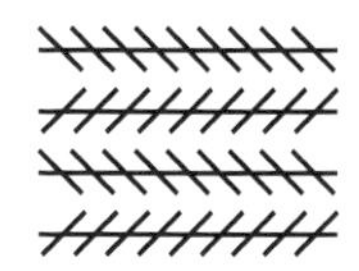

네 개의 세로선은 평행하지만, 사선의 영향으로 휘어져 보인다.

■ 헤링 착시

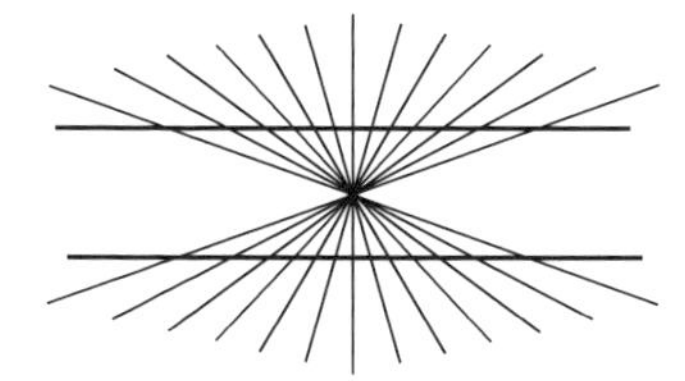

평행한 두 개의 수평선이 사선의 영향으로 바깥쪽으로 퍼져 보인다.

■ 헤플러 도형

교차하는 직선의 배경에 있는 사선의 영향으로 선이 휘어져 보이는 착시다.

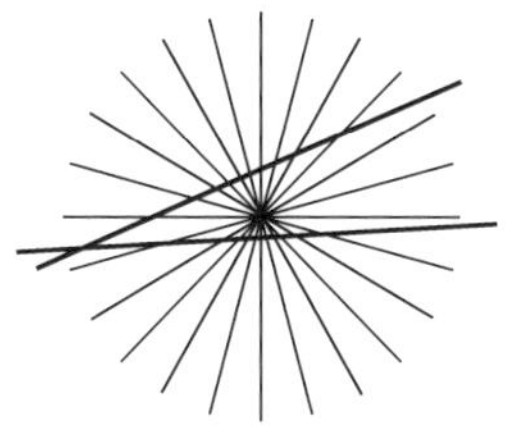

눈의 착각 '착시' ②
- 왜곡된 직선/거리 감각 -

■ **오비슨 착시**

직사각형은 선이 안쪽으로 꺼져있는 것처럼 보이는 특성이 있다. 동심원을 겹치면 그게 더 두드러져 직사각형이 비뚤어져 보인다.

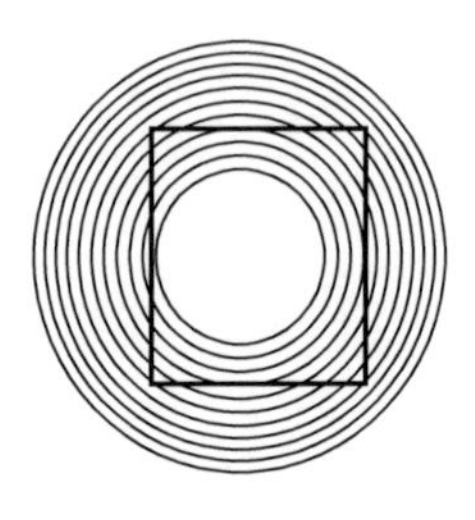

■ **포겐도르프 착시**

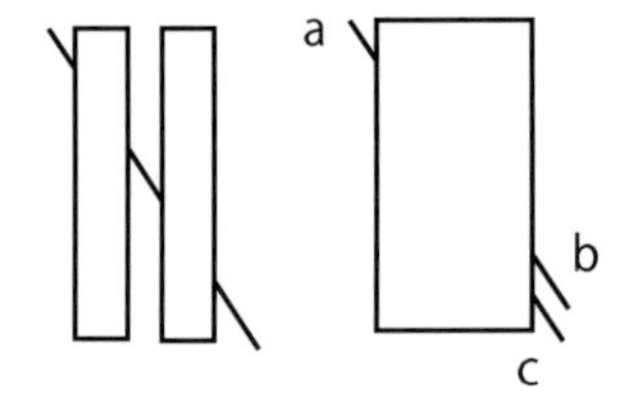

사선을 직사각형에 숨기면 직선이 휘어져 보인다. a와 연결된 선은 b처럼 보이지만, 실제로는 c와 연결되어 있다.

■ **오펠-쿤트 착시**

d와 e의 간격과 e와 f의 간격은 동일하지만, 사이에 선을 넣은 d와 e의 간격이 더 넓게 느껴진다.

직사각형은 착시 때문에 라인이
안쪽으로 움푹 꺼져있는 것처럼
보이는 특성이 있어
그래서 파르테논 신전이나
호류사의 기둥은
가운데가 부풀어져 있지
응?
이를 엔타시스(entasis)라고 불러
엔타시스
체형이야
응?
우끼끼?
그건 그냥
비만이야!!!

눈의 착각 '착시' ③
- 달라지는 크기 -

■ **델뵈프 착시**

분홍색 원은 같은 크기지만, 바깥에 있는 동심원의 크기에 영향을 받아 크기가 다른 것처럼 보인다. 큰 동심원에 둘러싸여 있는 원이 작게 보인다.

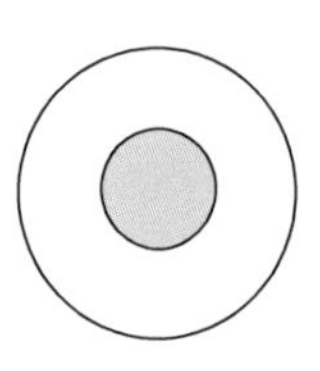

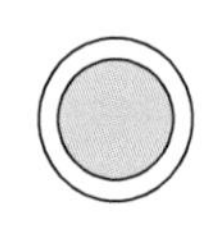

■ **에빙하우스 착시**

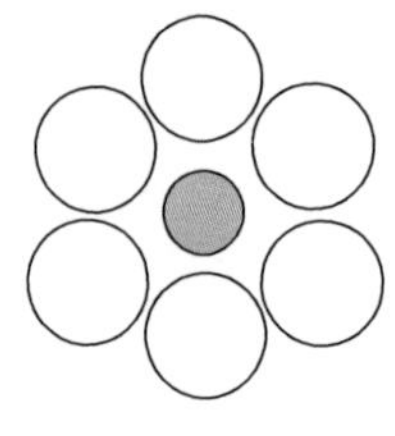

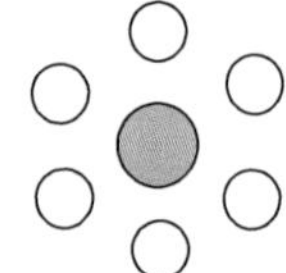

주황색 원은 같은 크기지만, 큰 원에 둘러싸여 있으면 작게, 작은 원에 둘러싸여 있으면 크게 보인다.

■ **픽 착시**

a와 b의 직사각형은 같은 크기지만, b가 길고 커 보인다.

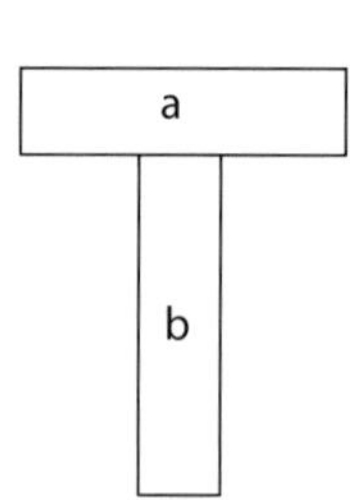

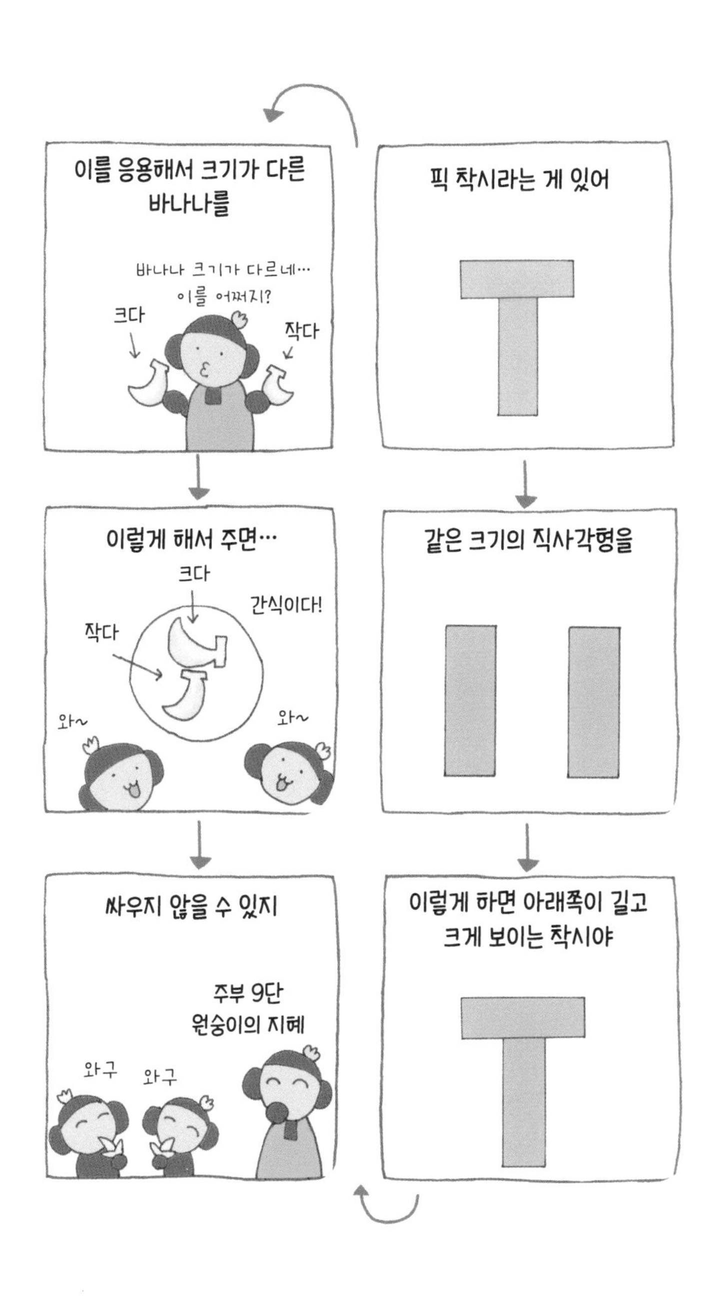

픽 착시라는 게 있어
같은 크기의 직사각형을
이렇게 하면 아래쪽이 길고
크게 보이는 착시야
이를 응용해서 크기가 다른
바나나를
바나나 크기가 다르네…
이를 어쩌지?
크다
작다
이렇게 해서 주면…
크다
간식이다!
작다
와~
와~
싸우지 않을 수 있지
주부 9단
원숭이의 지혜
와구
와구

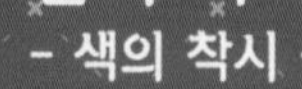

눈의 착각 '착시' ④
- 색의 착시 -

■ 색의 대비 효과

중앙에 있는 회색이 배경색의 영향을 받아,
밝게 보이기도 하고 어둡게 보이기도 한다.

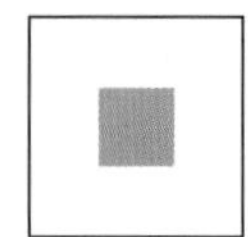

■ 마하 밴드

색이 인접하는 부분끼리 영향을 받아, 어두운
곳과 접하는 부분이 밝게 보인다.

■ 네온 컬러 효과

가로와 세로가 교차하는 부분에 옅은 색을 추가하면,
마치 네온관의 빛처럼 흐릿하게 퍼져 보인다.

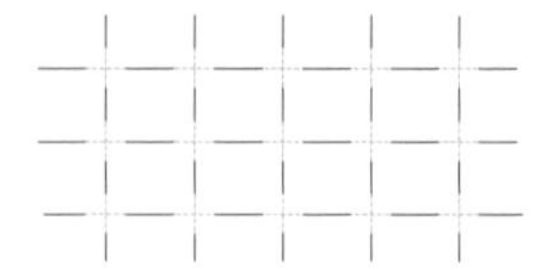

■ 체커 그림자 착시(에드워드 아델슨 착시)

강렬한 착시를 소개한다. 아래 그림을 보자. 체커 무늬에 원기둥 그림자가 걸쳐있다. 특별한 그림처럼 보이지 않지만, 네모 A와 네모 B의 색은 같다.

미국 매사추세츠 공과대학(MIT) 에드워드 아델슨 교수가 제작한 것으로 A와 B가 전혀 다른 색으로 보이는 것은 색의 대비 효과에 의한 현상이다. B는 어두운 색으로 둘러싸여 있어 실제 색보다 밝게 보인다. 또 원기둥 그림자가 걸쳐 있는 걸 보고, 그림자 속에 있으니까 더 어두울 것이라고 인식했기 때문이기도 하다. 그림자와 그림자가 아닌 부분이 흐릿해져 있는 것도 그 효과를 증대시킨다.

오른쪽은 네모 A와 B가 같은 색이라고 믿지 못하는 사람들을 위해 보조 색 라인을 넣은 그림이다. 인간의 시각이 얼마나 미덥지 못한지, 수긍할 것이다.

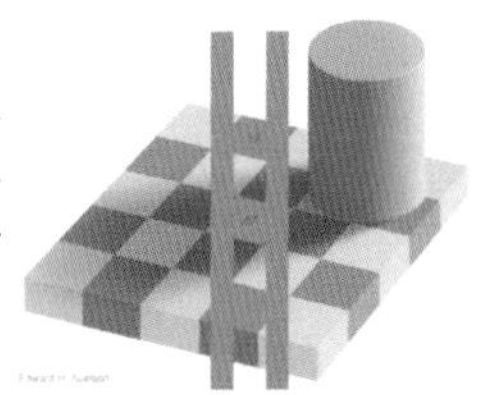

출처: http://web.mit.edu/persci/people/adelson

눈의 착각 '착시' ⑤

- 주관적 윤곽 -

시각이 보이지 않는 것을 추측해서 만들어 내는 예시를 소개한다. 카니자의 삼각형(Kaniza Triangle)은 마치 삼각형이 공중에 떠 있는 것처럼 보인다. 뒤에 있는 삼각형이 보이지 않는 이유는 앞에 장애물이 있다고 추론하고 존재하지 않는 삼각형을 만들어 내기 때문이다.

■ 카니자의 삼각형

검은색 원에 칼집 모양을 넣고, 밑면이 없는 삼각형을 나열하면 검은색 동그라미와의 대비 효과로 존재하지 않는 삼각형이 떠오른다.

■ 떠 있는 정육면체

빨간색 원 위에 어떤 모양이 있는 것처럼 보인다. 카니자의 삼각형과 마찬가지로 원과 원 사이에는 아무것도 그려져 있지 않은데, 마치 정육면체가 있는 것처럼 보인다.

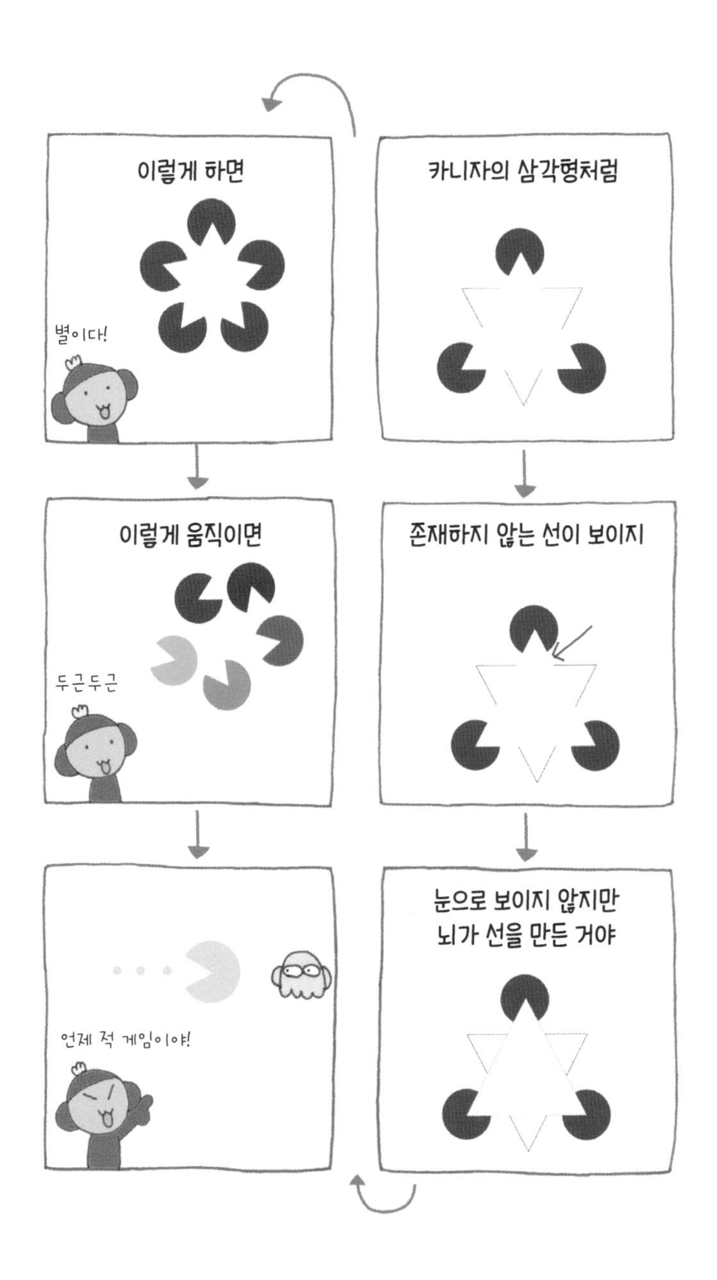
카니자의 삼각형처럼
존재하지 않는 선이 보이지
눈으로 보이지 않지만
뇌가 선을 만든 거야
이렇게 하면
별이다!
이렇게 움직이면
두근두근
언제 적 게임이야!

시각 · 청각 · 미각의 착각?
- 착각은 시각뿐 아니라, 다양한 감각기를 속인다. -

■ **시각에 영향받는 청각: 맥거크 효과**

'가'라고 말하는 입이 보이는 영상 위에 '바'라는 음성을 입혀 재생하면 '다' 또는 '가'라고 들린다. 이것은 귀와 눈으로 모순된 정보가 겹칠 때 사람이 시각을 우선하는 현상이다. 영국의 심리학자 맥거크의 실험으로 발견되었다.

■ **무한 음계: 셰퍼드 톤**

무한으로 계단이 연결된 속임수 그림인 '벤로즈'의 음계판이다. 도 · 레 · 미 · 파 · 솔 · 라…로 점점 높아져야 하는 음계가 이질감 없이 무한으로 상승하는 것처럼 들리는 신기한 음계다. 고안자의 이름을 따서 '셰퍼드 톤'이라고 부른다.

→ 궁금하다면 '무한 음계'를 검색해 보시라!

■ **맛의 대비효과**

수박에 소금을 살짝 뿌려서 먹으면 수박의 단맛이 강해진다. 소금이 수박의 단맛을 강조하는 맛의 대비효과다. 반대로 소금에는 억제 효과도 있어 여주에 소금을 뿌리면 쓴맛이 억제된다. 쓴맛과 신맛이 공존하는 여름 감귤에 소금을 뿌리면, 쓴맛을 억제하고 단맛을 강조해 준다고 한다.

■ **매운맛을 느끼는 부분은 혀가 아니다.**

단맛, 쓴맛과 마찬가지로 매운맛도 혀로 느낀다고 생각하기 쉽지만, 혀에는 매운맛을 느끼는 감각기가 없다. 매운맛의 정체는 통각이다. 성분의 풍미나 쓴맛 등이 어우러져 매운맛을 느끼고 있다고 착각하는 것뿐이다.

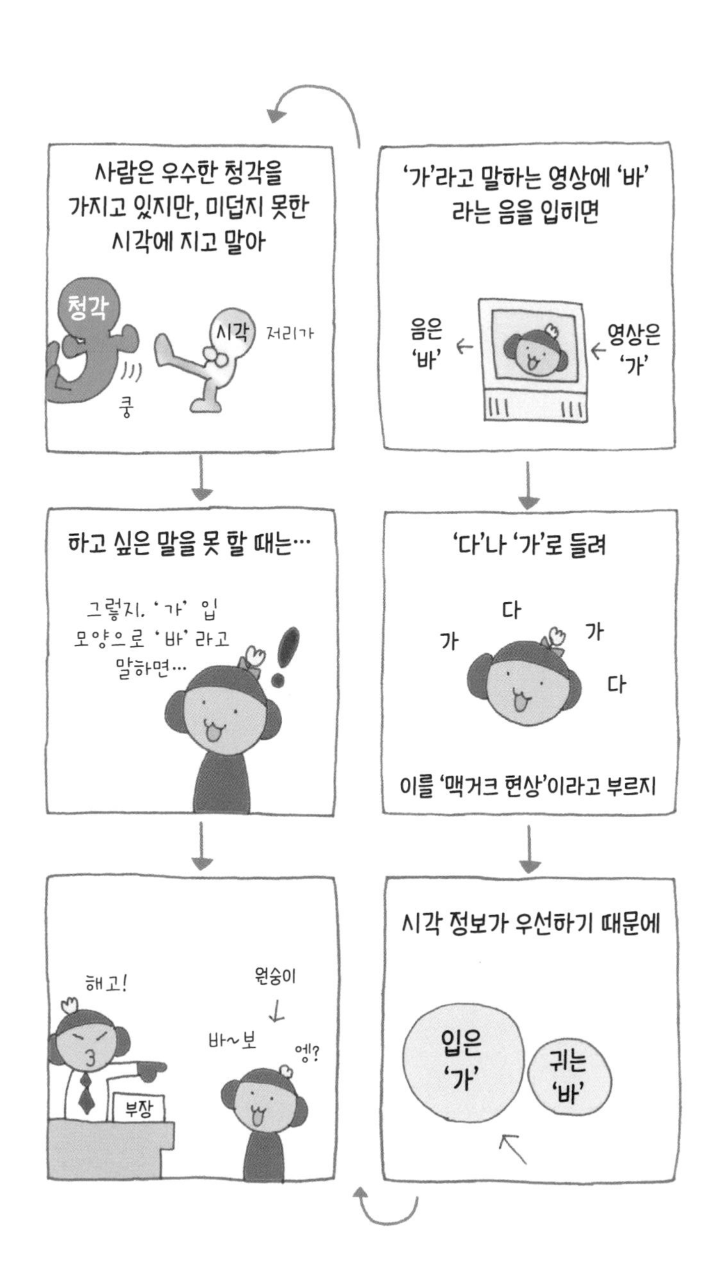

'가'라고 말하는 영상에 '바' 라는 음을 입히면
음은 '바'
영상은 '가'
'다'나 '가'로 들려
가
다
가
다
이를 '맥거크 현상'이라고 부르지
시각 정보가 우선하기 때문에
입은 '가'
귀는 '바'
사람은 우수한 청각을 가지고 있지만, 미덥지 못한 시각에 지고 말아
청각
시각
저리가
쿵
하고 싶은 말을 못 할 때는…
그렇지. '가' 입 모양으로 '바' 라고 말하면…
해고!
부장
원숭이
바~보
엥?

사람이 얼굴을 구분하는 메커니즘
- 얼굴 인식 연구 -

지금까지 인간의 시각과 인지 기능이 얼마나 믿음직스럽지 못한지에 대해 몇 가지 예를 들어 설명했다. 하지만 매우 우수한 부분도 있다. 바로 시각으로 얼굴을 인식하는 기능이다. 우리는 순간 얼굴을 보고 지인인지 아닌지 판별한다. 얼굴에 있는 눈, 코, 입, 윤곽 등의 정보를 순간 정리해 인식하는 매우 복잡하고 우수한 기능이다. 명확히 밝혀지지 않은 메커니즘이지만, 인간은 경험을 통해 '평균적 얼굴'이라는 판단 재료를 가지고 무의식중에 'A씨는 눈이 작고 입이 크다'는 정보를 비축해 둔다고 한다. 개성 있는 얼굴은 차이가 있어 기억하기 쉽고, 평범한 얼굴도 특징을 연결 지어 외우고 있다고 한다. 이는 일본인에게 외국인의 얼굴에 대한 데이터가 부족하므로 외국인 얼굴을 외우기 어려워한다는 견해를 뒷받침하는 근거가 된다.

2008년 1월, 일본 과학기술 진흥기구(JST)는 원숭이의 새끼에게 선천적으로 얼굴을 인식하는 능력이 있다는 연구 결과를 발표했다. 태어난 직후부터 전혀 '얼굴'을 보여주지 않고 자란 원숭이에게 사람과 원숭이의 '얼굴 사진'이나 얼굴 이외의 물체 사진을 보여주었다. 그 결과 원숭이는 처음 봤을 텐데, 얼굴을 인식하는 우수한 능력이 있었다고 한다. 인간의 아기는 사람 얼굴을 바로 기억한다. 어쩌면 아기는 기억력이 뛰어날 뿐만 아니라, 원숭이처럼 얼굴을 인식하는 능력을 갖추고 태어날지 모른다. 복잡하지만 재미있는 얼굴 인식 기능, 앞으로 다양한 메커니즘이 규명되길 기대한다.

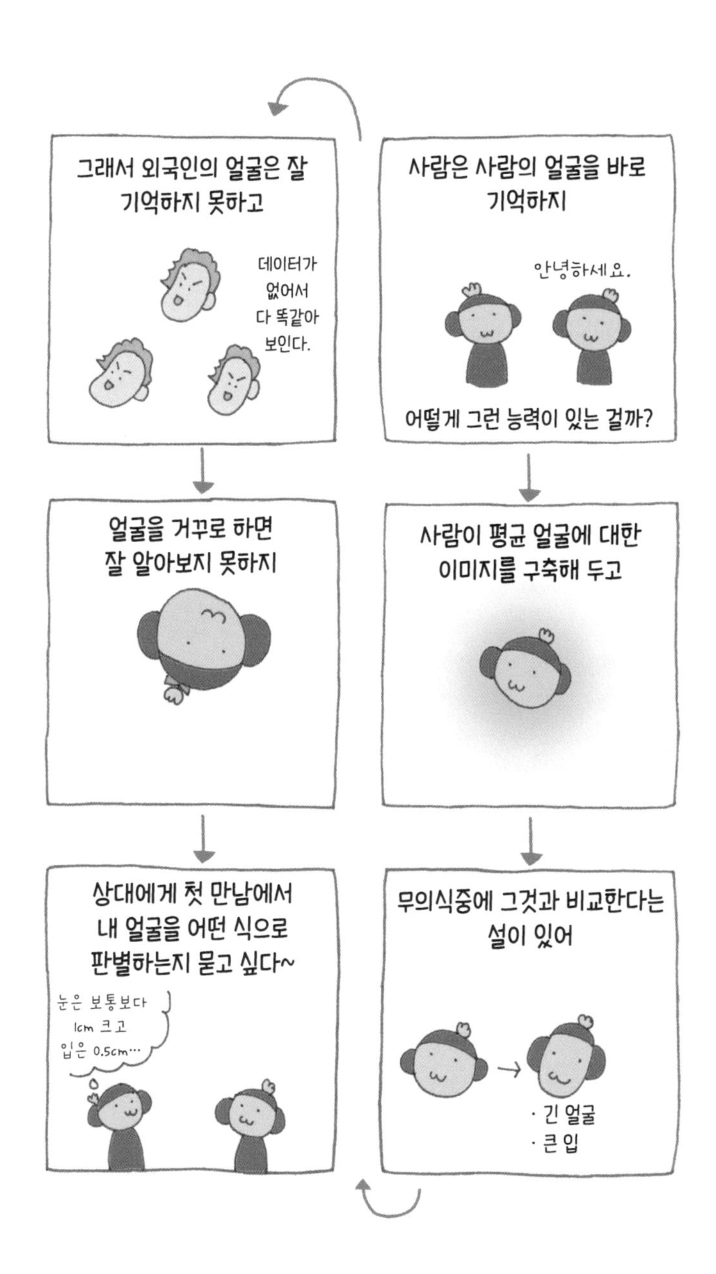
사람은 사람의 얼굴을 바로 기억하지
안녕하세요.
어떻게 그런 능력이 있는 걸까?
사람이 평균 얼굴에 대한 이미지를 구축해 두고
무의식중에 그것과 비교한다는 설이 있어
· 긴 얼굴
· 큰 입
그래서 외국인의 얼굴은 잘 기억하지 못하고
데이터가 없어서 다 똑같아 보인다.
얼굴을 거꾸로 하면 잘 알아보지 못하지
상대에게 첫 만남에서 내 얼굴을 어떤 식으로 판별하는지 묻고 싶다~
눈은 보통보다 1cm 크고 입은 0.5cm…

'칵테일파티 효과'란?
- 듣고 싶은 소리만 들리는 심리 -

소리는 공기의 진동이고, 귀는 진동을 캐치해 신경 신호로 변환하는 감각 기관이다. 그리고 신경 신호는 뇌를 통해 의미 있는 소리로 인식된다. 세상은 다양한 소리로 넘쳐나지만, 사람의 청각은 우수해서 잡다한 소리 속에서 자신에게 필요한 소리만 골라 들을 수 있다. 시끄러운 술집에서 여러 사람이 왁자지껄 떠들어대도 자기 얘기는 귀에 들어온다. 이를 '칵테일파티 효과'라고 한다. 칵테일파티에서 참석자들이 정신없이 떠들어도 자신이 듣고 싶은 이야기는 들린다는 데서 붙여진 이름이다. 파티 장소의 소리를 녹음해 재생하면, 잡음, 냉방기기 소리, 기침, 웃음소리 등이 뒤섞여 시끄럽기만 하고 무슨 얘기를 하는지 도통 알 수 없다. 하지만 사람의 귀는 그 속에서 필요한 소리를 처리하고 필요하지 않은 소리는 차단한다. 소리를 선별하는 능력이 있는 것이다.

소리에 관련된 또다른 재미있는 특성이 있다. 회사에서 에어컨을 틀고 있을 때는 인지하지 못 하고 있다가 에어컨을 끄는 순간 시계 소리나 회의실에서 나누는 대화 소리가 들린다. 에어컨 소리가 다른 소리를 듣지 못하게 한 것이다. 이를 '마스킹 현상'이라고 부른다. 예전에는 소리를 차단하기 위해 방음 처리 등의 설비를 설치했다. 하지만 최근에는 작은 냉방기기 소리를 흘려 회의실에서의 대화 내용이 새어 나와도 신경 쓰이지 않게 소리를 제어하는 회사도 있다. 마스킹 현상을 유용하게 활용한 사례다. BGM은 단순히 편안한 분위기를 연출하는 게 아니라, 어떤 소리를 지우기 위해 활용되는 경우도 많다.

사람은 잡다한 소리 속에서
쿵쿵
쿵쿵
땡땡
삐이
듣고 싶은 소리만 골라서
들을 수 있어
쿵쿵
쿵쿵
땡땡
삐이
사람은 청각을 어느 정도
제어할 수 있지
듣지 않는 소리
듣는 소리
듣고 싶지 않은 소리는
귀에 들어오지 않는다구
도란
도란
도란
도란
응?
바스락
뭐야!
감자칩

기억의 메커니즘
- 아직 규명되지 않은 불가사의한 시스템 -

중요한 사람의 이름은 아무리 애를 써도 기억나지 않고, 며칠 전 나누었던 시시콜콜한 대화는 잘도 떠오른다. 기억은 매우 중요한 영역인데, 명확히 규명되지 않은 부분이 많다. 애킨슨-쉬프린은 기억은 단기기억과 장기기억으로 구성되어 있다고 제창했다. 기억 시스템에는 단기기억으로 보내기 전에 감각기관으로부터 입력된 정보를 보존해 두는 세 단계가 있다고 알려져 있다.

■ 감각기억

눈, 코, 피부 등의 감각기를 통해 얻은 정보는 잠깐 기억되고 소거된다. 소거 기능이 없으면 인간은 방금 접촉한 바닥이나 지면의 감촉까지 일일이 기억하게 되어 생활을 영위할 수 없게 된다. 수많은 정보 속에서 의미 있는 것들은 선별되어 단기기억으로 넘어간다.

■ 단기기억

기억 가운데도 일시적으로 저장되는 기억이다. 용량은 숫자로 7±2문자 정도다. 의미가 있으면 기억의 부하가 감소해 잘 기억할 수 있다. 머무르는 시간도 짧고 20초 전후로 망각한다. 단기기억이 반복되거나 강한 의미를 갖게 되면 장기기억으로 넘어간다.

■ 장기기억

일반적으로 '기억'이라고 부르는 정보다. 여기에 저장된 정보는 잊어버리지 않는다. 단, 시간과 함께 점차 내용이 모호해진다. 깊이 저장된 기억은 특별한 계기가 없으면 밖으로 나오지 않는 경우도 많다. 잠과의 연관성도 거론되고 있다.

기억에는 세 단계가 있어
감각(작업)
단기
장기
단기는 몇 초에서 몇 분 만에
사라지는 기억
이0의 뭐였지?
장기는 계속 남는 기억
그러고 보니,
2년 전 오늘은…
단기기억을 장기로 보내면
잊어버리지 않게 되지
기억
장기
단기
잘 안 잊어버린다.
잊어버린다.
이미지화하는 방법도 유용해
이미지
장기
단기
공처가
몽처씨!
몽처입니다.
하지만, 대놓고 말하진 못하지…

기억력 키우기
- 기억을 향상시키는 테크닉 -

시험이나 자격증 취득처럼 인생을 살아가며 기억력이 필요한 상황이 많다. 업무할 때도 기억력이 좋으면 매우 유용하다. 그래서 기억력을 단련하는 건 인생을 살아가는 데 있어 중요한 작업이다. 여기서는 기억력을 높이기 위한 몇 가지 테크닉을 소개한다.

■ **리허설이 중요**

단기기억에서 장기기억으로 정보를 이동하기 위해 리허설 행위 즉, 정보를 반복하는 게 중요하다. 단순한 반복은 의미가 없기 때문에 '기억'한다는 의도적인 반복이 중요하다. 예를 들어 열 개의 공식을 외운다면 한 개를 다섯 번 반복하는 것보다 열 개의 공식을 우선 다 외우고 다섯 세트 반복하는 게 효과적이다. 사람의 이름을 외울 때는 마음속으로 여러 번 반복하는 게 좋다. 시각적으로 이미지를 만들어 '원숭이를 닮은 철수'처럼 의미를 부여하는 것도 효과적이다.

■ **숫자를 외우는 방법**

숫자는 단순해서 금방 잊어버린다. 긴 것은 네 개 정도씩 그룹화해서 외우는 게 좋다. 당연히 단순하게 외우는 것보다 의미를 부여해 기억하면 쉽게 잊어버리지 않는다. 페그 워드(Peg Word) 법이라고 1=일본, 2=이모, 3=삼촌처럼 이미지로 변환해서 기억하는 방법도 있다.

■ **숫자화해서 기억하기**

갑자기 '화요일 17시'에 약속이 생겼다. 메모를 할 수 없는 상황이라 약속 시간을 잊어버리지 않을까 불안하다면 월요일부터 토요일까지 요일을 숫자화해서 1~6으로 변환한 후 '화요일 17시'를 '217'로 기억하면 쉽게 잊어버리지 않는다.

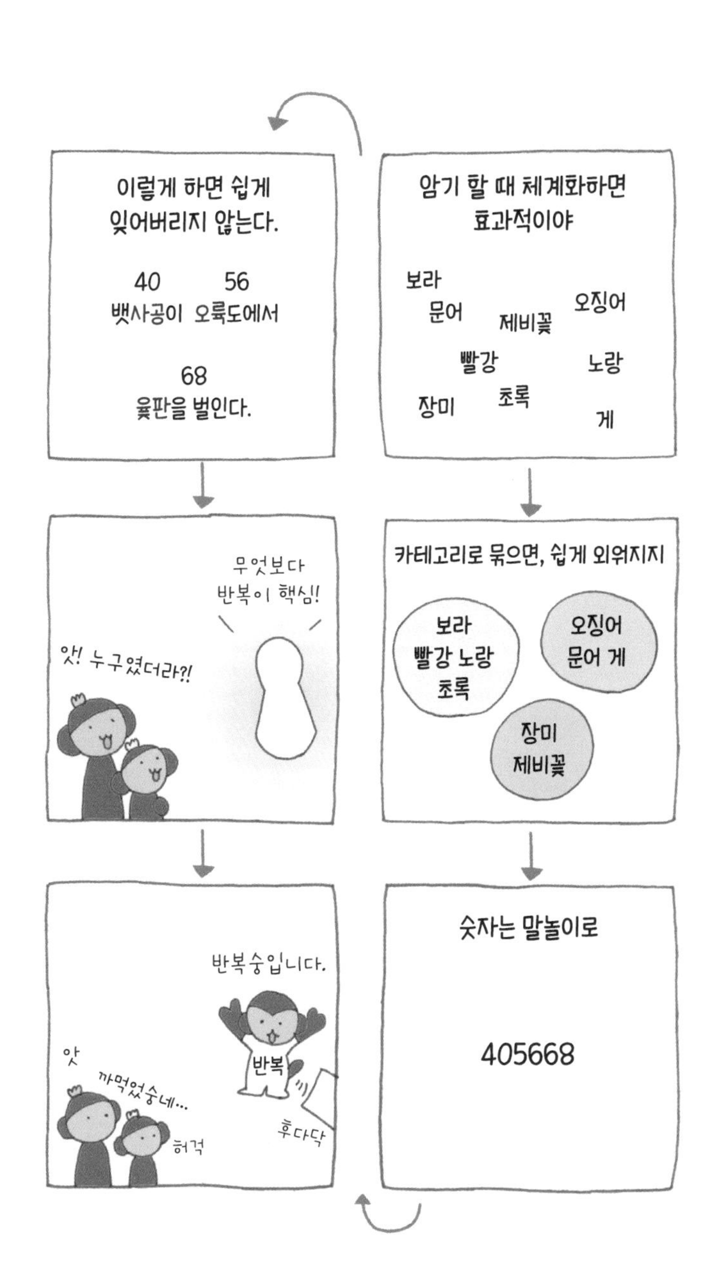

암기 할 때 체계화하면 효과적이야
보라
문어
제비꽃
오징어
빨강
노랑
장미
초록
게
카테고리로 묶으면, 쉽게 외워지지
보라 빨강 노랑 초록
오징어 문어 게
장미 제비꽃
숫자는 말놀이로
405668
이렇게 하면 쉽게 잊어버리지 않는다.
40 56
뱃사공이 오륙도에서
68
육판을 벌인다.
무엇보다 반복이 핵심!
앗! 누구였더라?!
반복승입니다.
반복
앗
까먹었숭네...
허걱
후다닥

어릴 적 기억이 사라지는 이유

- 불가사의한 기억의 메커니즘 -

당신의 기억은 언제 시작하는가? 대개는 네다섯 살, 개중에는 세 살 때 기억이 있는 사람도 있을 것이다. 왜일까? 어릴 때는 기억력이 나빠서? 아니다. 그렇지 않다. 영유아기 기억력은 우수하다. 심리학자들의 실험으로 입증된 사실이다. 아이는 영아기부터 유아기를 걸쳐 인간이 살아가는 데 필요한 대부분의 정보를 학습하고 기억한다. 장기로 기억을 머무르게 하는 능력도 있다고 하는데, 기본적으로 이 시기에는 장기기억 시스템이 제대로 기능하지 못하는 것 같다. 두세 살부터 기억한다고 하지만 대부분 단편적이고 정확하지 않은 경우가 많다. 네 살 정도가 되면 인지기능이 급격히 발달하고 자기 내면을 들여다보게 된다. 아이가 기억을 이해하고 기억에 관해 '기억해', '잊어버렸어'라는 말을 쓰기도 한다. 이 시기에 장기기억 시스템이 점차 완성된다. 따라서 어른이 떠올리는 어린 시절 기억은 서너 살부터가 아닐까 여겨지고 있다. '기억'도 중요하지만, 실은 '망각'도 중요하다. 경험한 불쾌한 일들을 계속 기억하고 있으면 마음은 상처투성이로 큰 고통을 안고 살아가야 한다. 사람은 아름다운 추억은 기억하고 나쁜 기억은 잊어버리는 시스템을 가지고 있다.

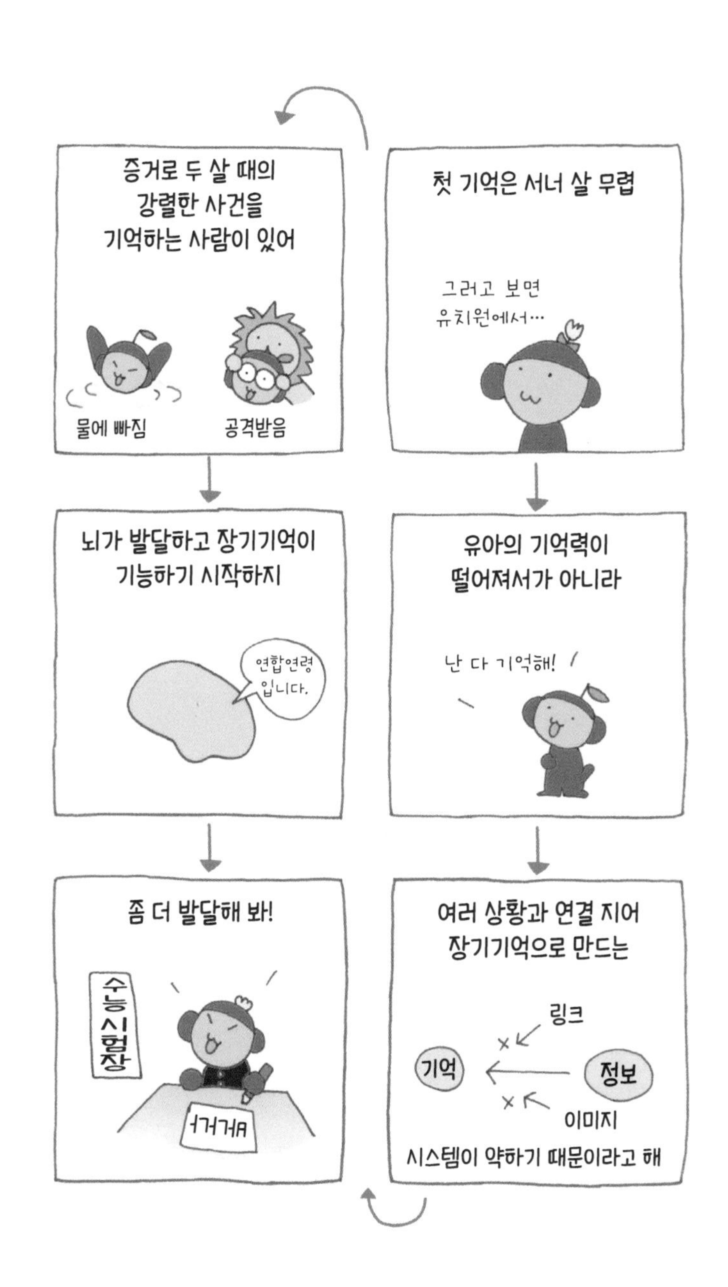
첫 기억은 서너 살 무렵
그러고 보면 유치원에서…
유아의 기억력이 떨어져서가 아니라
난 다 기억해!
여러 상황과 연결 지어 장기기억으로 만드는
링크
기억
정보
이미지
시스템이 약하기 때문이라고 해
증거로 두 살 때의 강렬한 사건을 기억하는 사람이 있어
물에 빠짐
공격받음
뇌가 발달하고 장기기억이 기능하기 시작하지
연합연령 입니다.
좀 더 발달해 봐!
수능시험장

다양한 심리학

(산업, 발달, 범죄, 색채 심리학 등)

심리학은 다양한 분야에서 활용되고 있다. 제5장에서는 다양한 분야에서 활용되는 응용 심리학을 기상천외하고 재미있는 에피소드와 함께 소개한다.

산업 심리학
- 끝수 가격 198/목요일에 높은 사고 발생률 -

산업 심리학은 산업사회를 둘러싼 인간의 행동 심리를 연구하는 학문으로 사회 심리학의 일부다. 피로와 노동시간, 인간과 기계, 사고와 안전 연구처럼 기업 내에서 조직이 원활하게 기능하기 위한 연구, 효율성 있는 환경을 구축하기 위한 연구를 한다. 또 광고가 사회에 미치는 영향과 소비자의 의사결정 메커니즘을 규명하는 등, 마케팅 분야까지 포괄한다.

■ 매력적인 끝수 가격 198

상품을 50,000원으로 판매하면 비싸다는 인상을 받지만, 약 200원을 빼서 40,000원대인 49,800원이 되면 소비자 입장에서는 이득을 보는 느낌이 든다. 할인율은 겨우 0.4%이다. 끝수 가격은 세계 표준이지만, 일반적으로 1.99달러처럼 9가 주로 쓰인다. 일본에서는 왜 8이 쓰이는지 정확한 이유는 모르지만, 9는 아슬아슬하다는 느낌이 들어서 꺼리는 경향이 있고 글자가 끝으로 갈수록 넓어지는 한자 '八(팔)'을 선호하는 배경이 있는 것 같다. 최근 할인을 적용할 때 41%처럼 역 끝수를 사용하기도 한다. 그러면 소비자는 할인율이 높다는 인상을 받는다.

■ 목요일에 높은 사고 발생률

업종에 따라 다르지만, 일반적으로 기업 내 사고는 목요일에 많이 발생한다고 한다. 일본 지방 정비국의 건설 노동 재해 데이터에 따르면, 목요일에 발생하는 사고 비율이 평일의 다른 요일과 비교해 2.03배 높았다. 월요일은 업무 시작일이라 긴장감이 높다. 반대로 금요일은 마지막 날이라 긴장감 속에서 일한다. 금요일 전날인 목요일은 피로감과, 긴장이 풀리는 감정이 교차하는 위험한 요일이라는 사실을 알 수 있다.

목요일은 사고 발생률이 높아
꽈앙
월요일은 업무를
시작하는 날이라 긴장하고
열심히 달려 보자고~
금요일은 평일 마지막 날이니까,
의지를 불태우지
좋아!
목요일은 피로와 해이함이
공존하는 위험한 날
그런데… 사고 발생률이 낮은 회사가…?
사고 발생률이 낮은 비결을
취재하러 왔습니다.
목요일이라고
해서 특별히
해이해지지
않아요.
헐!
저흰
월요일부터
의욕이
없거든요.

발달 심리학

- 인간은 태내에 좀 더 머물러야 하나? / 막내는 어리광쟁이 -

발달 심리학은 인간의 발달 메커니즘을 연구하고, 발달 단계에서 나타나는 행동 차이를 연구하는 학문이다. 주로 아이들의 발달 과정에 주목하지만, 노년기를 포함해 인간 생애의 성장 과정을 연구하며, 구체적으로는 인지적 측면에서 숫자 개념을 언제부터 인식하는지, 감정적 측면에서 부모와 자식의 애정 관계가 발달에 어떤 영향을 끼치는지 등을 연구한다.

■ 인간은 태내에 좀 더 머물러야 하나?

말이나 염소 같은 동물의 새끼는 태어나자마자 일어선다. 캥거루 새끼도 스스로 어미의 배주머니로 들어간다. 하지만 인간의 아기는 혼자 일어서지도 못하고, 눈도 귀도 미숙한 상태에서 태어난다. 생후 1년 정도의 급격한 성장은 원래 태내에서 이루어져야 한다는 견해가 있다. 스위스의 생물학자 아돌프 포르트만은 이를 '생리적 조산'이라고 명명했다. 인간에게 '뇌'는 중요한 기관이라 머리를 가능한 한 크게 성장시킨 결과, 손발이 미성숙한 상태에서 태어난다고 말한다.

■ 막내는 어리광쟁이

형제는 태어난 순서에 따라 일정한 성향이 있다. 장남과 장녀는 부모에게 첫 육아인 경우가 대부분이라 성실하고 인내하도록 교육받는 경향이 있다. 그래서 많은 경우 장남과 장녀는 착실하다. 막내는 익숙한 육아 환경 속에서 평온하게 자라 어리광쟁이가 되는 경우가 많다. 대부분 막내는 좋고 싫음이 분명한 것도 이와 관련 있다고 한다.

형제가 있는 아이는
성장 과정에서 역할을 부여받곤 해
너는 형이니까
이는 성격 형성에 영향을 끼치지
장남과 장녀는 친절하고 착실하고
안경 안경
3000원 주면 찾아드리죠
차남과 차녀는 마이페이스에 자신만만한 성격이 많고
난 이걸로 세계를 정복하겠어!
막내는 어리광쟁이…
얼른 먹여줘야지!
300원 주면 먹여줄게
고마워 형아~

범죄 심리학 ①
- 청색 방범등으로 범죄 억제 / 모방범의 심리 -

범죄 심리학은 범죄 퇴치와 억제, 범죄자의 인격 개선을 목적으로 범죄자나 범죄 행위를 연구하는 분야다. 범죄자가 범죄에 이르는 심리 프로세스와 행동, 환경 요인과의 관련성, 미성년자 범죄와 불량 행동 심리, 범죄와 사회학을 포함해 폭넓은 범죄에 대해 연구하고 조사한다.

■ 청색 방범등으로 범죄 억제

영국 북부의 한 도시, 거리의 오렌지색 가로등을 청색으로 바꿨더니 범죄가 급감했다. 청색 가로등이 야간에 멀리까지 빛을 보내 본능적 행동을 억제하는 심리 효과가 있으며, 이것이 범죄 억제로 이어진다고 증명한 사례다. 일본에서는 나라현 경찰본부가 처음 청색 방범등을 도입했다. 설치 후 약 1년간의 데이터를 근거로 범죄 발생이 주간에는 약 15%, 야간에는 약 9% 줄었다는 사실이 밝혀졌다.

■ 모방범의 심리

어떤 사건이 뉴스에 보도되면, 직후에 유사 사건이 발생하기도 한다. 사건 내용을 뉴스로 접하면 실행에 옮기기 쉽고, 범인이 아직 체포되지 않았다는 사실을 알면 사건을 모방하는 범죄자가 출현한다. '나는 당신보다 더 능수능란하게 범죄를 저지를 수 있다.'고 범인에게 과시하려고 모방하는 사례도 있다. 전자는 '보이스 피싱', 후자는 '컴퓨터 바이러스 유포'가 해당한다. 특히 컴퓨터 바이러스 유포는 고도의 기술력이 필요하기 때문에 대부분 자기현시욕에서 발생하는 범죄로, 점차 심화되고 있다.

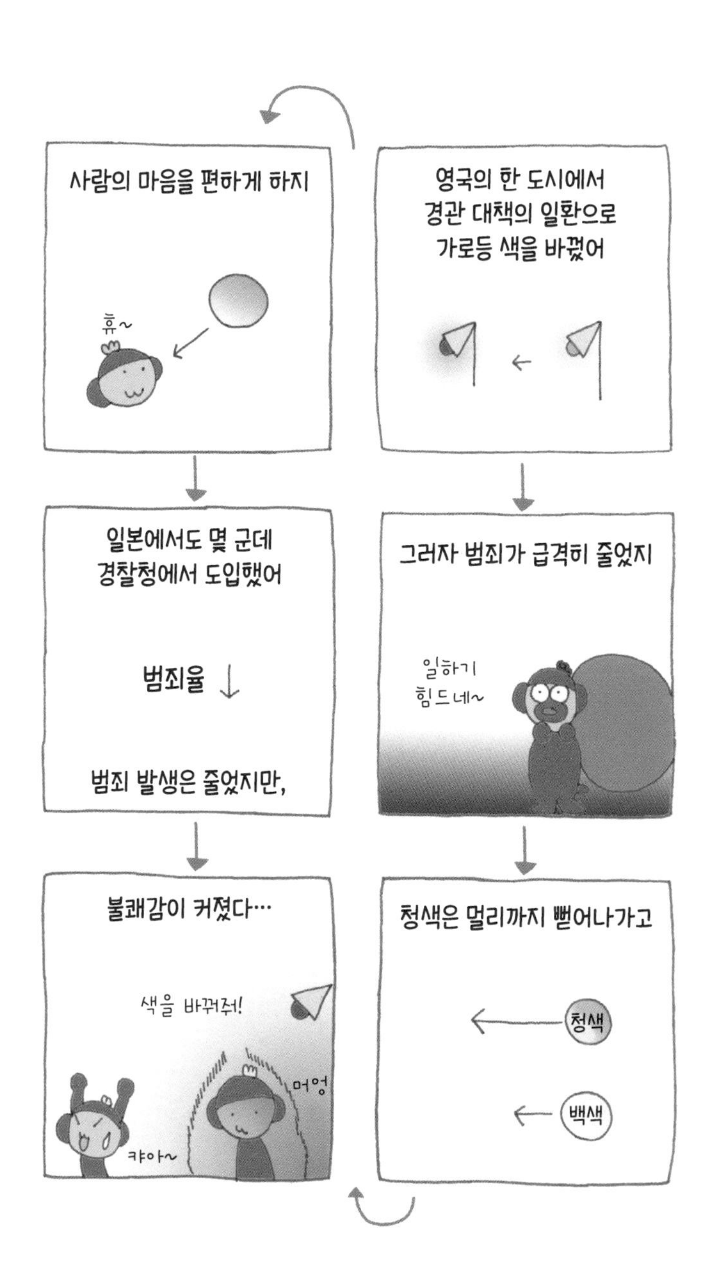

영국의 한 도시에서
경관 대책의 일환으로
가로등 색을 바꿨어
그러자 범죄가 급격히 줄었지
일하기
힘드네~
청색은 멀리까지 뻗어나가고
청색
백색
사람의 마음을 편하게 하지
휴~
일본에서도 몇 군데
경찰청에서 도입했어
범죄율 ↓
범죄 발생은 줄었지만,
불쾌감이 커졌다…
색을 바꿔줘!
머엉
캬아~

범죄 심리학 ②

- 깨진 유리창 이론 / 경미한 범죄를 방치하면 도시가 범죄로 물든다. -

■ 깨진 유리창 이론

1969년 심리학자 필립 짐바르도 교수는 실험을 통해 사람의 행동 특성을 검증했다. 빈곤층이 주로 거주하는 뉴욕의 브롱크스 지역에 번호판을 떼고 보닛을 열어둔 자동차를 방치하자 10분 뒤에는 배터리, 24시간 후에는 돈이 되는 부품을 전부 도난당했다. 동일한 설정의 자동차를 중산층이 거주하는 캘리포니아 지역에 방치했는데 1주일이 지나도 누구 하나 자동차에 손대는 사람이 없었다. 하지만 자동차의 유리창 일부를 깨놓자, 바로 약탈이 시작됐다. 다른 사례로 한 건물의 유리창을 깨진 채로 수리하지 않고 방치하자, 건물을 관리하는 사람이 없다고 사람들에게 인식되면서 낙서가 늘고 건물 내부가 황폐해지며 건물 전체가 범죄의 온상이 되었다고 한다. 경미한 범죄를 방치하면 지역 전체가 범죄로 물든다.

이 이론을 근거로 빈발하는 범죄를 억제하기 위해 뉴욕 교통국은 5년에 걸쳐 지하철 내의 모든 낙서를 지웠다. 그러자 흉악 범죄가 큰 폭으로 감소했다. 1994년에는 지하철의 성공 사례를 참고로 줄리아노 뉴욕 시장이 경범죄 단속을 철저하게 강화했다. 그 결과 범죄가 큰 폭으로 감소해, 1980년대부터 1990년대에 걸쳐 씌어졌던 미국 최대의 범죄도시라는 오명을 벗게 되었다. 일본에서는 삿포로시의 스스키 지역의 치안을 회복하기 위해 주차 위반, 경범죄 단속을 강화했다. 그 결과 흉악 범죄가 감소한 사례가 있다.

깨진 유리창을 방치하자
낙서가 늘고
원숭이 습격
건물이 점점 황폐해졌어
아지트는 여기
원숭이 습격
경미한 범죄를 간과하면
중대 범죄로 이어진다는
사실을 알 수 있어
중대 범죄
경미한 범죄
그래서 작은 범죄부터 막는
대책을 세웠어
○ ○ 경찰청
경범죄, 장난 전화
상담 접수 중
그리고 교감선생님
책상에는 살쾡이를…

색채 심리학 ①

- 파란색 자동차는 사고 발생률이 높다? / 이미지와 제품 색상 -

색에는 신기한 심리 효과가 있다. 색 때문에 시간 감각이 흐트러지고, 무게 감각과 체감 온도가 변하고, 크기가 달라져 보이는 감각적 효과다. 이런 효과는 제품의 특성을 살리기 위해 기업의 상품전략, 범죄 억제, 병원 등 여러 분야에서 활용되므로 눈여겨봐두면 좋다.

■ 자동차 색상과 사고 발생률의 관계

파란색 자동차는 사고 발생률이 높다는 데이터가 있다. 파란색이 후퇴색이어서 영향을 준다는 의미다. 파란색은 실제 위치보다 뒤에 있는 것처럼 보인다. 따라서 교차로에서 운전자는 위치 관계를 착각할 수 있다. 사고는 여러 가지가 복합해서 일어나는 것이어서 딱 이것 때문이라고 단언할 수 없지만, 파란색 자동차는 생각한 위치보다 가까이에 있다는 사실을 염두에 두어야 한다.

■ 이미지와 제품 색상

이미지와 제품은 떼려야 뗄 수 없는 관계다. 예를 들어 피아노 하면 검은색이라는 이미지가 강하다. 하지만 역사적으로나 세계적으로나 검은색은 그렇게 일반적인 색이 아니다. 기본은 목조다. 피아노가 검다는 이미지는 검은색 그랜드 피아노의 영향일 것이다. 검은색 그랜드 피아노가 등장한 건 연주회에서 피아니스트가 입는 연미복에 맞추기 위해서라는 설도 있다. 검은색은 '고급스러움'을 상징하며 제품으로서 선호하는 색상이다. 검은색 피아노가 보급된 건 고급스러움을 지향하는 가정에서 인테리어로 활용하기 위한 측면도 있는 것 같다.

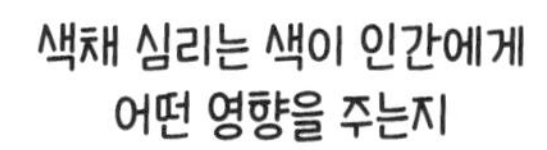
색채 심리는 색이 인간에게
어떤 영향을 주는지

어떤 심리일 때 어떤 색을
원하는지 연구하지

예를 들어 기업의 로고는
SARU
호의적인 이미지를
확보하기 위한 색을 선정해

파란색은 성실과 신뢰를 표현
saru
The life together with a monkey

빨간색은 열정과 활력을 표현
Saru
A monkey is the highest !

하얀색은 순수와 진실
마음이 깨끗한 사람만
볼 수 있어요.
아, 안 보이…

색채 심리학 ②

- 선호색으로 알 수 있는 색상 취향과 성격의 관계 -

색채 심리학 연구에서 흥미로운 분야는 선호색과 성격의 관계다. 많은 색채 심리학자가 연구하고 있고, 다양한 의사소통 장면에서 도움이 되기 때문이다. 여기서는 색채 심리학자들의 연구 결과를 토대로 간략하게 소개한다.

■ **검은색을 좋아하는 사람**

두 가지 유형으로 크게 나눌 수 있다. 검은색을 적절하게 사용하는 사람은 세련되고 사람을 움직이는 능력이 뛰어나다. 한편 검은색으로 도망간 사람은 타인의 시선을 신경 쓰는 유형이다. 고귀하고 신비롭게 보이고 싶어 하는 욕구가 강하다.

■ **하얀색을 좋아하는 사람**

두 가지 유형으로 크게 나눌 수 있다. 하얀색을 좋아하는 사람은 이상이 높고 목표를 갖고 노력하는 사람이다. 완벽주의자인 경우도 많다. 하얀색을 동경하는 사람은 주목받고 싶지만, 튀고 싶지는 않은 사람이다.

■ **회색을 좋아하는 사람**

세련된 식견의 소유자인 경우가 많다. 상대를 격려하는 기술이 뛰어나며, 균형 감각이 출중하다. 스트레스를 원만하게 풀 줄 알며, 평온한 삶을 살고 싶어 한다.

■ 빨간색을 좋아하는 사람

외향적 성격의 사람이 선호하는 경향이 있다. 활동적인 행동파로 자기 생각을 비교적 직설적으로 표현한다. 정의감이 강하고 매력적인 사람이다.

■ 분홍색을 좋아하는 사람

유복한 가정환경에서 자랐으며 온순한 성격의 소유자가 많다. 멋진 결혼과 행복한 가정생활을 꿈꾼다. 사랑에 빠지면 분홍색을 좋아하게 된다고 한다.

■ 파란색을 좋아하는 사람

지적이고 감성이 풍부한 사람이다. 기본적으로 성실하고 협조적이며 사려 깊다. 밝은 파랑을 좋아하는 사람은 예술적 감각이 뛰어나고 자기표현에 강하다. 짙은 파랑을 좋아하는 사람은 중요한 의사결정을 하는 일에 적합하다.

■ 노란색을 좋아하는 사람

호기심이 강한 열정적인 연구자 유형이다. 독특한 성격의 사람도 많고, 무리의 중심인물이기도 하다. 보통 사람과 다른 아이디어를 내는데 특출나며, 이상주의자다. 쉽게 질려하기도 한다.

■ 초록색을 좋아하는 사람

사회적 의식이 높고, 평화주의자다. 예의 바르고 솔직하며 사교적이면서 한편으로는 사람을 믿지 못하는 면도 있다. 호기심이 왕성하지만, 먼저 나서기보다 누군가에게 끌려가고 싶어 한다.

■ 청록색을 좋아하는 사람

균형 감각이 좋은 사람이다. 도회적이고 세련되고 자신과 타인에게 엄격하다. 타인의 의견에 귀를 기울이지 않고, 자기 생각대로 밀고 나간다.

■ 주황색을 좋아하는 사람

행동력이 있는 사람이다. 단, 본인은 행동적이라고 생각하지 않는다. 경쟁심이 강해서 지는 걸 싫어하고 희로애락의 감정 변화 폭이 심하다. 집중력이 뛰어나고 한번 하려고 마음먹으면 의지로 밀고 나간다.

■ 보라색을 좋아하는 사람

열정의 빨간색과 냉정한 파란색을 섞어 놓은 색답게 이 색을 좋아하는 사람은 개성이 풍부하다. 예술적이고 예능적 센스가 넘친다. 직관적이며, 높은 감성의 소유자라 타인과의 접촉을 피하기도 한다.

■ 갈색을 좋아하는 사람

표면적으로 영향을 받지 않는 순수한 정신의 실질주의자다. 타인에게 도움이 되고자 하는 관대한 사람으로, 자연과 관련된 일에 종사하는 경우가 많다.

스포츠 심리학

- 야구 경기에서 선수들이 원형을 만드는 이유 / 골키퍼의 스트레스 -

운동 경기는 멘탈 관리가 중요하다. 스포츠 심리학은 선수의 성적을 향상시키기 위해 다양한 심리 효과를 연구한다. 유도나 권투 같은 체급 경기는 감량이 선수에게 큰 스트레스다. 감량의 심리 효과를 고려하는 것도 스포츠 심리학의 역할이다. 최근 선수뿐 아니라, 일반인의 심리 효과도 연구 대상이 되고 있다.

■ 야구 경기에서 선수들이 원형을 만드는 이유

야구, 럭비, 배구 경기에서 선수들이 원형을 만드는 장면을 자주 볼 수 있다. 공격에 대비해 의기투합하는 효과와 더불어 의욕을 의식적으로 끌어올리는 효과가 있다. 이를 '사이킹 업(Psyching Up)'이라고 부른다. 경기 전 긴장 상태를 만드는 행위로 마음에 스위치를 넣는 것이다. 사이킹 업의 역사는 오래되었으며 일본 센고쿠 시대에는 싸우기 전에 칼을 높이 치켜들어 '에이에이오'라고 함성을 질렀다.

■ 골키퍼의 스트레스

브라질에서 프로 축구선수 137명을 대상으로 포지션별 스트레스를 조사한 보고가 있다. 감각 기관에 영향을 주는 야간 경기는 골키퍼에게 스트레스다. 또 경기 시작 후, 몇 분간 다른 선수보다 골키퍼는 몇 배 더 큰 스트레스를 받는다. 골키퍼가 느끼는 부담은 다른 선수와 차원이 다른 모양이다. 포워드의 스트레스는 옐로 카드다. 경기에 출전하지 못하지 않을까 하는 불안감일 것이다.

스포츠는 신체뿐 아니라
멘탈 트레이닝도 중요해
아자!
멘탈
신체
이미지 트레이닝은
와~~
1등
입니다.
동기부여를 유지하거나
아자!
경기 시작 전에 안정을
취하는데 효과가 있지
휴~
뭐 들어?
잔디 깎는 소리
부우웅...

음악 심리학
- 모차르트를 들으면 똑똑해진다? / 일본인의 절대음감 -

음악을 들으면 기분이 전환된다. 장단, 리듬, 음의 종류에 따라 효과도 다양하다. 음악 심리학은 음악을 들을 때나 연주할 때 어떤 심리상태가 되는지, 음을 인지하는 메커니즘을 연구한다. 특히 최근 음악이 가진 치유 효과가 주목받으며 음악요법과 음악치료 연구도 활발히 진행되고 있다.

■ 모차르트를 들으면 똑똑해진다?

1993년 미국에서 모차르트의 '두 대의 피아노를 위한 소나타'를 들은 학생이 단기간이지만 시험 성적이 올랐다는 발표가 있었다. 이는 '모차르트 효과'라 불리며 화제가 되었다. 모차르트의 곡은 다른 작곡가의 곡과 비교하면 고주파 음이 다수 포함되어 있으며 이것이 뇌를 활성화 한다는 주장이다. 단, 이 연구에는 부정적인 과학 데이터도 많다. A 선생님은 '그럼 모차르트를 듣는 사람은 모두 천재가 된다는 거네요. 말도 안 돼!'라며 목소리를 높였다.

■ 일본인의 절대음감

'절대음감'이란 귀로 들은 소리를 음계로 인지할 수 있는 능력이다. 니가타 대학의 미야자키(宮崎) 교수는 일본에서 음악을 전공하는 학생과 폴란드 음악 아카데미의 절대음감 보유자를 조사했다. 음감 테스트의 정답률 90% 이상의 학생은 일본인은 30%, 폴란드인은 12%였다. 평균점도 일본인이 높았다고 한다. 이 조사로 단언하기는 어렵지만, 절대음감인 일본인이 의외로 많을지 모른다. 당신의 일본인 친구도 알고 보니 절대음감일 수도 있다.

음악 심리학은 음악을 듣거나
연주할 때의 심리를 연구해
최근 음악요법 등에도
활용되고 있어
산만한 아이에겐
클래식이 특효약!
음악은 치매 예방에도
효과가 있대
저기, 밥은 언제 주나요?
방금
드셨는데요.
응?
머리카락도
자랐어요.
말도 안 돼!

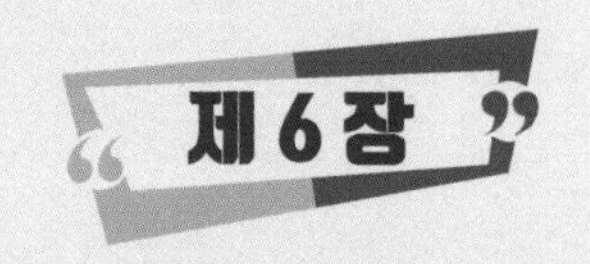

활용 범위가 넓은 심리학

(심리학 응용 편)

제6장에서는 여러 상황에서 활용할 수 있는 다양한 심리 효과를 소개한다. 나를 알고 상대를 안다고 해도, 이를 유용하게 활용해야 가치가 발현된다. 부지런히 응용해보길 바란다.

사무실에서 활용하는 심리학
- 부하 직원 · 후배를 키우는 방법 -

시대가 변한 것일까? 아니면 당신이 변한 것일까? 신입사원이 업무에 임하는 자세가 소극적이라고 느끼지는 않는가? 업무보다 사생활이 우선이고, 보이지 않는 곳에서는 노력하지 않는다. 싫은 소리를 하면 바로 사표를 던진다. 무리도 아니다. 그들은 혼나지 않고 자란 세대다. 그런 부하 직원이나 후배를 제대로 키우는 과정은 매우 고되다. 기본적으로 '화를 내는 방법'이나 '주의를 주는 방법'은 상대에 따라 효과가 다르다. 조금 엄격하게 꾸짖어야 말을 듣는 유형, 친절하게 대하지 않으면 바로 기가 죽는 유형 등 가지각색이다.

일반적으로 사람은 칭찬해서 의욕을 북돋아 주면 기대에 부응하고자 고군분투하여 좋은 결과를 낸다. 칭찬하는 것이 꾸짖으면서 강박관념을 갖게 하는 것보다 효과를 내기 쉽다. 이를 '피그말리온 효과'라고 한다. 피그말리온은 그리스 신화에 등장하는 왕의 이름이다. 본인이 만든 여성 조각상을 사랑했는데, 그 깊은 사랑에 감동한 신이 조각에 생명을 불어넣어 주었다는 이야기다. 피그말리온처럼 간절히 원하면 이루어진다는 의미에서 붙여진 효과다. 화내고 싶은 마음을 꾹 누르고 칭찬을 해보면 어떨까? 피그말리온 효과는 입으로만 떠든다고 되는 게 아니다. 부하 직원을 진심으로 믿고 기대하면 성장 가능성이 커진다. 인간은 눈 깜짝할 사이에 방어기제를 작동시켜 기대에 벗어나면 처음부터 믿지 않는 구조를 만든다. 미숙한 신입사원도 문제지만, 방어기제가 가장 큰 장애물일지 모른다.

기대하면 부하 직원은 성장해
기대에 부응하고 싶어지기 때문이야
아자!
이를 '피그말리온 효과'라고 해
씨익
아자!
또 지각…
하지만 자네의 성장을 위해
화를 내지 않고 믿어보겠어.
꾸욱
흠
네, 성장하기 위해
노력하겠습니다.
@△X÷!
우유

사무실에서 활용하는 심리학
- 사무실에서 활용할 수 있는 '자기표현훈련' -

앞에서 피그말리온 효과를 설명하며 부하 직원을 대할 때, 기본적으로 칭찬하라고 권했다. 단, 하고 싶은 말을 참으면서까지 무작정 칭찬하라는 건 아니다. 그러므로 현재 서비스업, 의료현장에서 활용되고 있는 '자기표현훈련'이라는 기법을 소개한다. 이 훈련법은 '자신과 상대를 모두 존중하는 의사소통 방법'이다. 이 방법을 활용하면 상대의 행동을 이해하고 존중하면서도, 자신이 말하고자 하는 내용을 확실히 전달할 수 있다. 일방적으로 혼내거나 시종일관 칭찬하라는 게 아니다. 자기표현훈련은 심리학적으로도 매우 유용한 의사소통 기법으로, 직장생활에서 활용하면 도움이 될 것이다.

부하 직원이 한 달에 네 번이나 부주의한 실수를 저질렀다고 하자. 보통 상사라면 "뭐 하는 거야? 벌써 네 번째야! 정신 차려!"라며 호통을 친다. 하지만 자기표현훈련에서는 부하 직원에게 그렇게 된 원인을 제시하고(행동), 결과를 되돌아보고(영향), 그로 인해 느낀 자신의 감정을 전달한다(감정). 이 방식을 사용하면 "제출 전에 한 번 더 검토하면(행동), 막을 수 있는 부주의한 실수라서(영향), 아쉽군(감정)." 같은 식이 된다. 정리하면 상사는 감정을 토로하는 게 아니라, 원인과 결과를 제시하고 바꿨으면 좋겠다고 전달하고, 부하 직원은 명확한 대처 방법을 이해하고 실천한다. 이런 과정이 중요하다. "지각하지 마."가 아니라, 지각하면 어떤 영향이 발생하고, 자신의 감정이 어떤지 상대에게 전달한다. 서로에게 의견을 말하는 훈련법이기 때문에 동의할 수 없는 부분도 있을 것이다. 공격적으로 대응하거나 아무 주장 없이 상대에게 맞추는 게 아니라, 서로 양보하며 최적의 결론을 도출하는 훈련법이다.

'자기표현훈련'이라는 의사소통 방법이 있어
뭐?
자료를 잊어버렸습니다
감정적으로 대응하는 게 아니라
뭐 하는 거야?
원인(행동)을 제시하고
자네에게 부탁한 자료가 없으면
결과를 되돌아보고(영향)
회의 시간을 못 맞추기 때문에
생각한 걸 말한다(감정).
기대했던 사람들이 실망할 걸세.
지금 너 혼나는 거라고!
과장님, 저를 그렇게…

사무실에서 활용하는 심리학
- 노련하게 상사를 칭찬하는 방법 -

회사원에게 상사와의 관계는 매우 중요하다. 업무 평가에 상사의 주관적 요소가 포함되기 때문에 무의식중에 본모습이 아닌 노력하는 자신을 어필하고 싶을 것이다. 이를 심리학에서는 자기 제시 또는 인상조작이라고 한다. 자기 이익을 위해 자기 본심과는 다른 행동을 하는 것을 '환심 사기'라고 하며, 의도가 담긴 명절 선물도 이런 행동의 일종이다. 단, 이 행동은 횟수가 늘어나면 효과가 사라진다. 그리고 진의가 드러나면 역효과가 나기도 한다. 상사가 시대극에 나오는 탐관오리라면 "너도 나쁜 놈이구나~"하고 공감해 주겠지만, 그런 속내를 드러내는 상사는 회사에 없다. 그럼 어떻게 하면 좋을까? 기본적으로 상사의 의견에 따르는 게 중요하지만, 효과적으로 상대를 칭찬하는 방법이 있다.

1. 구체적으로 칭찬한다

"구두가 잘 어울리는데요."라고 하는 것 보다 "정장과 구두의 조합, 색상이 잘 어울리는데요."처럼 구체적인 부분을 부각할수록 인사치레처럼 들리지 않아서 효과적이다.

2. 의외의 장점을 칭찬한다

의외성은 중요하다. 당연한 칭찬 포인트보다 다른 사람은 좀처럼 알아채기 힘든 부분을 칭찬하면 점수가 올라간다. 상사가 자연스럽게 보인 배려를 놓쳐서는 안 된다.

3. 큰 소리로 칭찬한다

작은 소리로 쑥스러운 듯 칭찬하지 않는다. 또랑또랑한 목소리로 감동을 한 스푼 첨가해 약간 과장해서 표현하는 게 좋다.

'황금 마우스'라고 불리는
회사원이 있었지
멋진
연설이었어!
원숭이인격
그, 그래?
아니에요.
부장님 말씀이
매력적이고 가슴에
와 닿았어요.
신입사원이 그를 따라하려다가
미쳐…?
넥타이
정말 미쳤어요!
빠직
얼굴도 머리도
대박인데요?
미쳤어요~
까악
까악
외지
전출되고 말았다나…

사무실에서 활용하는 심리학
- 생리적으로 맞지 않는 사람과 친해지는 방법 -

직장에서 동료의 도움 없이 큰 성과를 내기란 어렵다. 하지만 동료가 모두 좋은 사람일 순 없다. 그중 마음에 들지 않는 사람도 있을 것이다. 안 보이는 곳에서 땡땡이를 치거나 동료의 실수를 고자질하거나 부장과 부적절한 관계를 가지고 있는 등 상대가 싫은 이유가 명확하면 그나마 낫지만, 이유 없이 싫은 사람도 있다. '생리적으로 맞지 않는' 건 상대의 어디가 싫은 걸까? 상대가 싫은 이유를 생각만 해도 기분이 나빠져 애매하게 '생리적으로'라는 말로 표현하거나, 그냥 외모가 별로 마음에 들지 않는다는 완곡한 표현으로 에둘러 말한다. 전자의 경우, 심리학 견지에서 보면 대부분 상대의 싫은 면을 본인도 가지고 있다. 다시 말해, 본인의 싫어하는 부분을 상대가 보여서 자기 자신의 싫어하는 부분을 환기하게 된다. 따라서 싫은 이유를 무시하고 '생리적'이라는 단어로 치환한다. 이것은 일종의 자기방어 기능이다. 서로 닮은 부모와 자식이 자주 싸우는 것도 이 때문이다.

상대를 생리적으로 싫어하면 '싫은 정도'가 가속도로 상승한다. 그러면 상대와 함께하는 업무가 괴롭다. 냉정하게 상대 안에 있는 본인의 싫은 부분을 바라보며 '내 성격을 좋아지게 하는 바람직한 상대'라고 생각해보자. 상대를 알려고 노력하면 싫은 부분 말고도 공통점을 찾을 수 있을 거다. 상대의 장점을 받아들이면 상대와의 거리가 좁혀진다. 의도적으로 본인을 드러내며 마음을 열어 보자. 의외로 마음이 잘 맞아 업무를 원만히 처리할지 모른다.

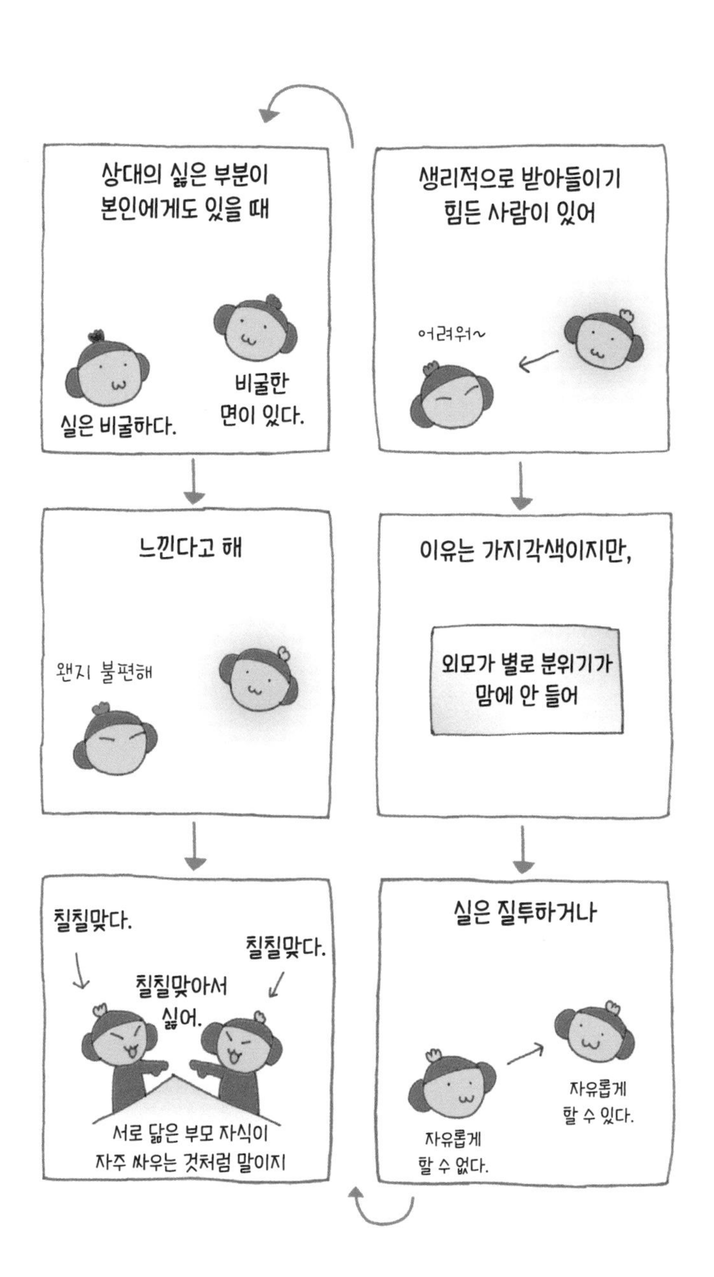

생리적으로 받아들이기
힘든 사람이 있어
어려워~
이유는 가지각색이지만,
외모가 별로 분위기가
맘에 안 들어
실은 질투하거나
자유롭게
할 수 없다.
자유롭게
할 수 있다.
상대의 싫은 부분이
본인에게도 있을 때
실은 비굴하다.
비굴한
면이 있다.
느낀다고 해
왠지 불편해
칠칠맞다.
칠칠맞다.
칠칠맞아서
싫어.
서로 닮은 부모 자식이
자주 싸우는 것처럼 말이지

사무실에서 활용하는 심리학
- 프레젠테이션 테크닉 ① -

최근 광고회사나 기획사 직원뿐 아니라, 다양한 직종의 회사원에게 프레젠테이션할 기회가 늘었다. 프레젠테이션은 내용만 좋다고 되는 게 아니다. 얼마나 매력적으로 청중을 매료시키고 상대의 마음에 남게 하느냐가 관건이다. 여기서는 심리학적 접근법으로 프레젠테이션 테크닉을 소개하려 한다.

[준비]

발표 전에는 누구나 긴장한다. 실패에 대한 두려움을 예상하기 때문이다. 기본적으로 완벽하게 준비하면 할수록 두려움은 사라진다. 시간과의 싸움으로 여유는 없겠지만, 자료를 완벽하게 준비할 시간이 있으면 발표 준비에 시간을 쓰는 게 낫다. 그렇게 하면 횟수를 거듭할수록 '이번에는 어떻게 청중을 매료시킬까' 고민하며 즐기게 된다.

1. 시간 배분과 구성을 고려

프레젠테이션 자료의 시간 배분을 사전에 고민해 전체 시간의 80% 정도로 끝낸다는 이미지로 정리한다. 도입, 본론, 마무리, 향후 방향 같은 스토리가 있는지, 고조되는 부분이 있는지 확인한다. 특히 도입부는 청중을 집중시키는 내용으로 한다. 초두효과로 인해 도입부에서 좋은 인상을 받으면 전체적으로 좋은 평가를 받기 때문이다. 그리고 세 번 이상 리허설을 한다. 세 번 이상 리허설을 하면 몇 군데 설명은 술술 외우게 된다. 그러면서 여유로워지고 쓸데없는 긴장감이 줄어든다. 또 시간 배분이 훌륭한 프레젠테이션은 좋은 인상을 준다.

2. 자료 한 장당 시간 설정

파워포인트로 작성한 자료를 프로젝터를 사용해 설명하는 경우, 일반적으로 한 장에 3분 정도가 적당하다고 한다. 하지만 최근 젊은 세대는 TV에 익숙하다. 정보 프로그램에서 자막이 등장하는 건 1분 이내다. 이게 익숙한 세대에게 한 장에 3분은 길다고 느낄 수 있다. 단, 짧은 시간에 자료를 여러 장 제시해도 인지가 따라가지 못해 기억에 남지 않으므로 한 장에 2~3분을 기준으로 하면 된다.

3. 자료에 쓰는 글꼴

자료에 쓰는 글꼴도 주의해야 한다. 글꼴 종류는 크게 나눠 고딕체와 명조체가 있다. 고딕체는 제목처럼 강조하는 글꼴로 상대의 마음에 쉽게 와 닿는다. 명조체는 깔끔한 글꼴로 장문의 원고에 적합하다. 프레젠테이션 자료는 본문 내용을 많이 담지 않기 때문에 고딕체면 충분하다.

4. 어떤 옷을 입으면 좋을까?

프레젠테이션할 때는 기본적으로 어두운 정장을 입는 게 좋다. 설명하는 사람의 옷차림이 말끔하면 설득력이 높아진다. 이는 후광효과의 일종이다. 남성은 넥타이 색상에 주의해야 한다. 빨간색과 같은 원색은 열정을 상징하므로 연설할 때 청중의 마음을 사로잡는 데는 효과적이지만, 시선을 빼앗길 수 있기 때문에 안정된 색상의 넥타이를 고르는 편이 좋다.

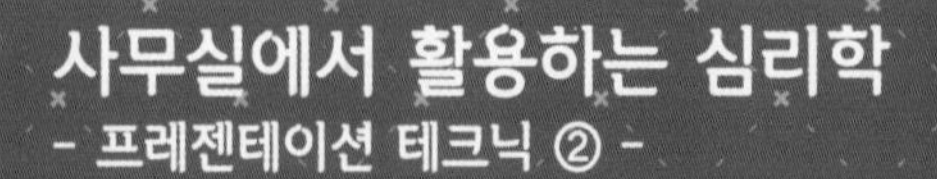

[실전]

1. 목소리 크기와 속도를 맞춘다

의식적으로 큰 목소리로 설명하는 게 중요하다. 큰 목소리에는 사람의 마음을 움직이는 힘이 있다. 신뢰도도 높아진다. 그리고 말하는 속도도 중요하다. 말을 빨리하는 사람은 경쟁심이 강하다. 아무런 장점이 없으므로 평소 말이 빠른 사람은 천천히 말하도록 노력해야 한다. 천천히 말하면, 자신감이 넘치는 인상을 주며 상대의 마음에 쉽게 와 닿는다.

2. 중요한 부분을 반복한다

외국의 정치인들이 자주 쓰는 방법이다. 중요하다고 생각하는 부분을 여러 번 말한다. 참가자는 반복해서 듣는 와중에 자연스럽게 내용을 기억한다. 화자가 기억의 리허설 효과를 실행하면 청중은 그 말을 단기기억에서 장기기억으로 투영해서 이동시킨다.

3. 참가자의 얼굴을 빠짐없이 쳐다본다

프레젠테이션할 때 참가자의 얼굴이나 눈을 빠짐없이 쳐다봐야 한다. '아이 콘택트'로 프레젠테이션의 기본 스킬이다. 참가자 중 결정권자가 있으면 무의식중에 그 사람만 쳐다보는 경향이 있다. 그렇게 하지 않도록 주의해야 한다. 노골적으로 보여 다른 참가자들이 불쾌하게 생각할 수 있다. 또 아이 콘택트를 하면 수긍하는 사람이 있다는 사실을 알게 된다. 그들과의 의사소통이 원활해지면 프레젠테이션 분위기는 더욱 훈훈해진다.

4. 공백을 활용한다

프레젠테이션을 잘하는 사람과 못하는 사람의 차이는 '공백'을 어떻게 활용하느냐다. 말을 계속 할 때보다 말을 멈췄을 때 끄는 주목도가 크다. 바닥을 보고 있던 사람도 이야기가 끊기면 '뭐지?'라며 대개 고개를 든다. 강조하고 싶은 부분 앞에서 잠깐 공백을 가진다. 그러고 나서 천천히 말한다. 이는 청중의 흥미를 환기해 뇌리에 남게 하는 테크닉이다.

5. 양면제시를 세련되게 활용한다

장점만 내세우는 것을 '단면제시', 장단점을 동시에 설명하는 것을 '양면제시'라고 한다. 전문가를 대상으로 할 때는 양면제시가 설득력 있는 화법으로 효과적이다. 장점 → 단점 → 장점으로 전달하는 게 좋다.

한 의류 판매 회사의 판매 성적 1위인 영업과장이 신입 디자이너에게 프레젠테이션을 맡겼다. 다른 우수한 디자이너들도 차고 넘치는데 왜 그랬을까? 과장은 프레젠테이션을 통한 '제안'보다 신입사원이 갖고 있는 '열정'이 도움이 될 거라고 판단했기 때문이다. 다양한 심리학 기법을 구사한다고 해도, 마음이 담겨 있지 않은 전달 방법은 의미 없는 언어의 나열이며, 불필요한 행동에 지나지 않는다. 열정을 갖고 프레젠테이션에 도전하길 바란다.

사무실에서 활용하는 심리학
- 업무처리에 능숙한 것처럼 보이는 사원이 되려면 ① -

심리학을 활용해도 갑자기 '업무처리에 능숙한 사원'이 되기란 어려운 일이다. 하지만 '업무처리에 능숙한 것처럼 보이는 사원'이 되는 길은 있다. 어디까지나 '처럼 보이는' 것으로, '게'와 '게맛살'만큼의 차이가 난다. 업무에 능숙한 것처럼 보이는 사원이 되면, 어느새 그게 몸에 배어 실제로 일을 잘하는 사원이 된다. '게맛살'은 아무리 노력해도 '게'가 될 수 없지만, '능력 있는 것처럼 보이는 사원'은 '능력 있는 사원'이 될 수 있다.

■ **외모를 결정하는 의상 색상에 주의**

후광효과는 강한 심리효과로 외모가 수려하면 상대는 나의 배경을 마음대로 추측해 높은 평가를 한다. 외모를 가꾸는 데는 한계가 있기 때문에 옷차림, 헤어스타일, 화장 등이 중요하다. 특히 새로운 구성원으로 합류해 일을 하는 경우는 초두효과가 강하므로 첫인상을 제대로 구축해야 한다. 의상 색상도 중요한 요소다. 특히 남성은 옷과 넥타이 선택을 신중히 해야 한다. 양복과 넥타이 색상은 메시지성이 있다. 성실한 인상을 주고 싶다면 남색 계열 양복에 흰색 셔츠, 검은색 액세서리, 동일계열 색상의 큰 줄무늬 넥타이를 추천한다. 남색 계열의 양복에 주황색 넥타이를 코디하면 밝고 건강한 인상을 준다. 검은색 양복이라면 위압감을 주지 않도록 검은색 계열의 넥타이는 피하는 게 좋다. 의욕과 열정을 보여주고 싶다면 검은색 양복에 붉은색 계열의 넥타이가 잘 어울린다. 여성은 크게 얽매일 필요는 없지만, 단아한 이미지를 내세우려고 흰색 블라우스만 입으면 차가운 인상이 전면에 부각되기 때문에 피하는 게 좋다.

일 잘하는 사원은
복장에도 민감해
그런가?
진회색 양복에
빨간색 넥타이로
의욕을 어필
중간 회색 양복에
녹색 넥타이로
잘 부탁 드립니다!
친화성을 어필
연회색 양복에
연분홍색 넥타이로
부드럽고 똑똑한 이미지를 주고
하얀색 양복에 노타이,
노셔츠로
남성성을 어필
여기저기서 찾게 된다구
넵!
경리부 에서 찾던 데요.
말도 안 돼!

사무실에서 활용하는 심리학
- 업무처리에 능숙한 것처럼 보이는 사원이 되려면 ② -

■ **표정 · 화법**

사람은 말하는 내용보다 화법과 표정을 높이 평가하는 경향이 있다. 화법은 적당히 천천히, 그리고 공손하게 구사한다. 표정 중에서도 특히 시선이 중요하다. 눈을 크게 뜨고 웃는 얼굴로 상대의 눈을 바라본다. 생각하면서 말하면 시선이 위로 향하기 때문에 주의해야 한다.

■ **몸짓 · 자세**

여유가 있으면, 말할 때 가볍게 손동작을 추가하는 것도 효과적이다. 손은 제2의 표정이다. 자세 또한 중요하다. 요즘 새우등인 사람이 많은데 등을 펴고 허리를 곧게 세워 당당하게 말하는 것이 좋다.

■ **효과적인 자기 제시**

자기 인상을 작위적으로 드러내는 것을 자기 제시라고 한다. 자기 제시에는 '전술적 자기 제시' 와 '전략적 자기 제시'가 있다. 전술적은 '자기선전', '환심 사기', '위협' 등이 있으며 단시간에 상대의 뇌리에 박힌다. 한편 전략적은 '존경', '위신', '신뢰성' 등으로 장기적으로 만들어진 것으로, 전략적으로 '이런 직원으로 보였으면 좋겠다.'는 목표를 세워 자신감을 높인다.

■ **중요한 자기 개시**

일을 잘하는 것처럼 보이는 사원이 되기 위해서는 호감도를 높여야 한다. '모조 능력자'는 신비로운 인간인 척하려 하지만, 그건 잘못됐다. 호감도를 높이는 데는 자신의 정보를 스스로 공개하는 '자기 개시'가 효과적이다. 자기 자랑이 아닌 정보를 공개해 친근감을 획득한다.

일 잘하는 사원이 말도 잘해
술술
술술
부끄러워하지 않고 상대의 눈을 바라볼 것
너무 쳐다 보는데…
지그시
시선을 다른 곳으로 돌리면 재미없다고 생각해
따분한가?
휘릭
자세가 바르면 성실해 보여
우뚝
인상조작도 효과적이지
가끔은 힙하게
그러면, 여기저기서 부름을 받을 수 있어
오케이!
말도 안 돼!
총무부에서 찾아요.

가정에서 활용하는 심리학
- 식기세척기를 손에 넣는 협상기술 ① -

식기세척기, 드럼 세탁기, 스마트 TV, 고성능 밥솥, 최강 흡입력을 자랑하는 청소기처럼 최근 고성능에 고가인 전자제품이 넘쳐난다. 주부에게는 모두 매력적인 상품들이다. 갖고 싶지만, 배우자의 반대로 포기한 적이 있을 것이다. 포기하기 전에 활용해 볼 만한 가치가 있는, 배우자를 설득하는 데 효과적인 협상기술이 있다.

■ **문간에 발 들여놓기(foot in the door technique)**

직접 얼굴을 보고 "식기세척기 사줘."라고 하면 거절당하기 십상이다. 몇십만 원이나 하는 덩치가 큰 제품이다. 그래서 처음에는 쉬운 제안을 해서 오케이 사인을 받고, 점차 난이도가 높은 제안을 하는 협상기술이 유용하다. 문간에 발 들여놓기는 영업사원이 우선 말이라도 들어보라며 문지방에 발을 들여놓는다는 의미에서 붙여진 이름이다. 수완 있는 영업사원의 기술이다.

처음에는 "위생적이고 시간도 단축되니까 식기건조기 사자. 10만 원 정도 한대."라고 제안한다. 그럼 오케이 사인이 나올 확률이 높다. 그래서 오케이 사인이 나오면, 손도 상하고, 맛있는 음식을 빠르게 요리하기 위해서라든지 하는 이유를 대면서 60만 원짜리 식기세척기가 필요하다며 접근한다. 그러면 직접적으로 60만 원짜리 식기세척기를 사자고 말하는 것보다 협상이 수월해진다. 한번 수긍하면 좀처럼 거절할 수 없는 시스템이다. 첫 번째 가격설정이 포인트다. 가격이 비싼 경우 3단계 전략도 효과적이다.

여보,
5만 원하는
식기 세트 살까?
응~
오케이!
좋아.
그럼,
10만 원 하는
식기건조기는
어때?
좋아.
그럼,
60만 원 하는
식기세척기는…
안 돼!
빠직
빠직
다음 편…
예고
다음 결전은, 거실에서

가정에서 활용하는 심리학
- 식기세척기를 손에 넣는 협상기술 ② -

■ 머리부터 들여놓기(door in the face technique)

다른 협상기술이 있다. 거절당할 것을 처음부터 예상하고 과도한 요구를 한다. 거절당하면 가격을 낮춰 다시 협상하는 기술이다. 신문 영업 사원이 처음에는 "6개월만 구독하세요."라고 제안한 후 "한 달이라도 좋으니까."라고 말하는 것과 같은 작전이다. 앞서 거절했기 때문에 마음이 쓰여 다음 제안을 받아들이게 된다. 이를 머리부터 들여놓기라고 한다. 문이 열리면 먼저 머리를 들여놓는다는 의미다. 처음부터 거절당할 걸 각오하고 100만 원이 넘는 최신형 식기세척기를 사자고 제안한다. 거절당한 후, 원래 노렸던 60만 원짜리 식기세척기를 마치 큰맘먹고 양보한다는 식으로 제안한다. 그러면 배우자는 상대가 양보하고 있다는 생각에 약간 미안한 마음이 들기도 해 제안을 받아들인다.

■ 양면제시와 단면제시

식기세척기를 손에 넣기 위해 왜 그 모델을 선택했는지, 장점은 무엇인지 상대를 납득시켜야 한다. 프레젠테이션 기술에서도 거론한 바 있듯이, 두 가지 제시 방법이 있다. 장점만을 강조하는 단편제시와 장단점을 모두 제시하는 양면제시가 있다. 이것은 일반적으로 배우자가 얼마만큼 지혜로운지에 따라 달라진다. 배우자가 지혜로운 사람이라면 양면제시를 하는 게 효과적이다. 장점만을 어필하면 오히려 의심받는다. 지혜롭지 못한 배우자라면 하나부터 열까지 장점을 나열하는 게 효과적이다. 그렇게 하면 배우자는 제안에 응한다.

다음 작전을 짜는 아내
심리학
처음에 거절당하더라도
과도한 요구를…
다음은…
심리학
머리부터 들여놓기
전략이다!
좋~아
처음엔
과도하게…
슈퍼 식기 세척기
200만 원이라던데
좋아!
살까?
당신 작전
난 이미
파악했지롱?
어? 내
작전은…

가정에서 활용하는 심리학
- 세일즈 토크를 조심하자 -

세상에는 순진한 주부를 현혹하는 세일즈 토크가 넘쳐난다. 순진한 주부는 그런 말에 쉽게 속아 넘어간다. 세일즈 토크에 현혹되지 않도록 세일즈 토크의 숨겨진 기술을 소개한다.

■ 위험한 한정품

광고에 자주 '한정품'이 등장한다. 정말 한정품일 확률은 낮다. 희소성을 내세우면서 소비 욕구를 조장하는 경우가 대부분이다. '손님 한 명당 두 개까지'라는 문구 역시 구매를 부추기는 기술이다. 실제로 세 개 이상 사는 사람은 몇 십 명 중 한 명 정도다. 그 한 명에게 두 개만 팔고, 인기 상품이라고 각인시켜 두 개 사는 사람을 늘리는 편이 총 판매 개수를 늘리는 데 유리하다.

■ 그게 전부가 아니다 기법 (that's not all technique)

홈쇼핑에서 자주 볼 수 있는 기법으로 상품소개와 가격을 제시한 후, 딱 소비자가 구매를 검토하는 타이밍에 '지금 사면 덤으로'를 제안한다. 고민하는 순간 덤을 준다고 하면 구매 쪽으로 마음이 기운다.

■ 쉽게 돈을 번다는 인터넷 통신판매

정말 돈을 쉽게 많이 번다면 그 노하우를 절대 가르쳐주지 않는다. 당연한 이치로 쉽게 돈을 번다고 광고하는 건 꽤나 의심스럽다. 이야기를 듣거나 시스템에 빠져들면 '이 사업을 하면 돈을 벌겠는데.'라고 믿게 된다. 모든 일을 자신의 희망에 따라 상황에 맞게 해석하는 현상이다. 심리학에서는 '인지적 부조화 이론'이라 부른다.

영업멘트는 주의해야 해
한정품이라고 하지만
진짜 한정품인 경우는 거의 없다구
10개만 남았습니다.
'덤'도 위험
지금 구매하시면
무심코 현혹될 수 있어
덤으로 드립니다
사야지!
덤은 본 품 정가 (10,000원 이상)의 20%를 넘어서는 안 된다.
덤…
본품
과도한 덤에는 주의가 필요하다.
도망가자~
멈춰!

배우자의 거짓말을 간파하는 방법

- 거짓말하는 사람은 어떤 식으로든 사인을 보낸다. -

배우자의 모습이 미심쩍고 거짓말하는 것 같다고 느껴질 때가 있다. 세상에는 거짓말을 능수능란하게 구사하는 사람도 있고 거짓말을 잘 못하는 사람도 있다. 하지만 두 부류 모두 어떤 식으로든 사인을 보내는 경우가 많다. 일반적으로 '거짓말은 얼굴에 나타난다.'고 생각해 상대의 표정이나 눈을 꼼꼼히 살피는 경우가 많다. 하지만 그렇지 않다. 거짓말 사인은 얼굴보다 손발에서 나타난다. 상대도 얼굴에 티가 나면 금세 들키기 때문에 표정이 바뀌지 않도록 세심하게 주의한다. 표정이 쉽게 드러나는 극소수를 제외하고, 실제로 얼굴이나 눈으로 거짓말을 꿰뚫는 건 어려운 일이다. 예를 들어 심리학자 시부야 쇼조(渋谷昌三) 교수는 거짓말 사인으로 몇 가지 포인트를 지적했다.

· 다리의 움직임이 부자연스러워진다. 여러 번 다리를 바꿔서 꼬거나 다리를 떨면서 안절부절못하는 행동을 보이면 조심해야 한다(그곳에서 도망치고 싶다는 마음을 억제하는 동작).
· 뺨이나 귀를 만지기 시작한다. 특히 입 주변의 움직임이 어색하다. 입을 가려 거짓말하지 않으려는 심리가 작동한다고 한다.
· 손동작으로 자신의 속내를 들키지 않도록 손을 주머니 속에 넣거나 팔짱을 끼는 등 손을 숨기는 행동을 한다.
· 대화가 끊기면 들킨다고 생각해, 말에 대한 반응이 빨라진다.
· "저…"와 같은 단어를 많이 사용하거나 한 번 설명한 말에 쓸데없는 설명을 추가하기도 한다. 개인차가 있지만, 답변이 짧아지거나 수다쟁이가 된다.
· 눈을 피하지 않고 오히려 상대를 응시한다.

요즘 사람들은 거짓말해도 얼굴에 잘 안드러나지
시치미
아니
혼자 놀러 갔었지?
진실을 알고 싶으면 상대 손에 주목! 뺨이나 귀를 만지기 시작하고
거짓말
정말?
특히 입이나 턱 주변 움직임이 수상해
안 갔어.
손으로도 나타나지 않는 사람은 다리의 움직임을 체크하기
부절
안절
다리를 움직인다면 매우 수상…
부절
안절
하지만, 알아내는 방법으로는…
갔어 갔어
역시
이만한 게 없지…

부부 싸움의 기술
- 하고 싶은 말을 하면서 싸움으로 번지지 않는 비법 -

살다 보면 부부 싸움을 할 때가 있다. 싸움을 잘 다스리는 것이 부부 생활을 오래 지속하는 비결이다. 사람이 화를 내는 것은 '불안' '공포'에 대한 방어반응, 경고반응이다. 분노로 인해 '노르아드레날린'이라는 호르몬을 분비되고, 그 작용으로 심박수나 혈압이 증가한다. 그 상황을 파악한 뇌가 더욱 화를 증폭한다. 머리에 피가 쏠리면서 화가 치솟는 경험은 누구에게나 있을 것이다. 특히 부부 싸움은 상대가 물러나지 않는 경우가 많아 악순환에 빠지기 쉽다. 물건을 부수거나 폭력을 휘두르는 사람도 있다. 그런 행동으로 화를 발산하기도 하지만, 화는 증폭되기만 한다.

그럼 어떻게 하면 좋을까? 하고 싶은 말을 참고 입을 다물고 있으면 될까? 아니다. 참는 감정은 불만을 낳고 마음에 쌓인다. 그것이 불신감이 되어 마음에 축적되고, 상대에 대한 신뢰감이 무너질 뿐이다. 그러니 '자기표현 훈련'을 활용하자. 상대의 어떤 행동 때문에, 결과적으로 이런 문제가 발생했고, 나는 이렇게 생각한다고 상대에게 전달한다. 다시 말해, "왜 이리 늦은 거야!"라고 화내지 말고, "연락을 줬으면(행동), 저녁 준비를 할 필요가 없었지(영향). 같이 식사하고 싶었는데 못해서 속상해(감정)."라는 식으로 전달한다. 자기 생각을 상대에게 전달하는 건 매우 중요하다. 거기에 "당신은"이라고 말을 시작하는 것보다 공격적이지 않아, 화의 본래 목적인 경고로서 기능을 수행한다. 원만하게 사는 부부는 서로 부족한 부분을 보완하는 관계다. 당연히 의견이 다를 수 있다. 자기 생각을 전달하고 상대를 존중하는 게 핵심이다. 하고 싶은 말을 전달했으면 웃어 보인다. 그러면 상대의 마음 깊숙이 당신의 말이 전달될 것이다.

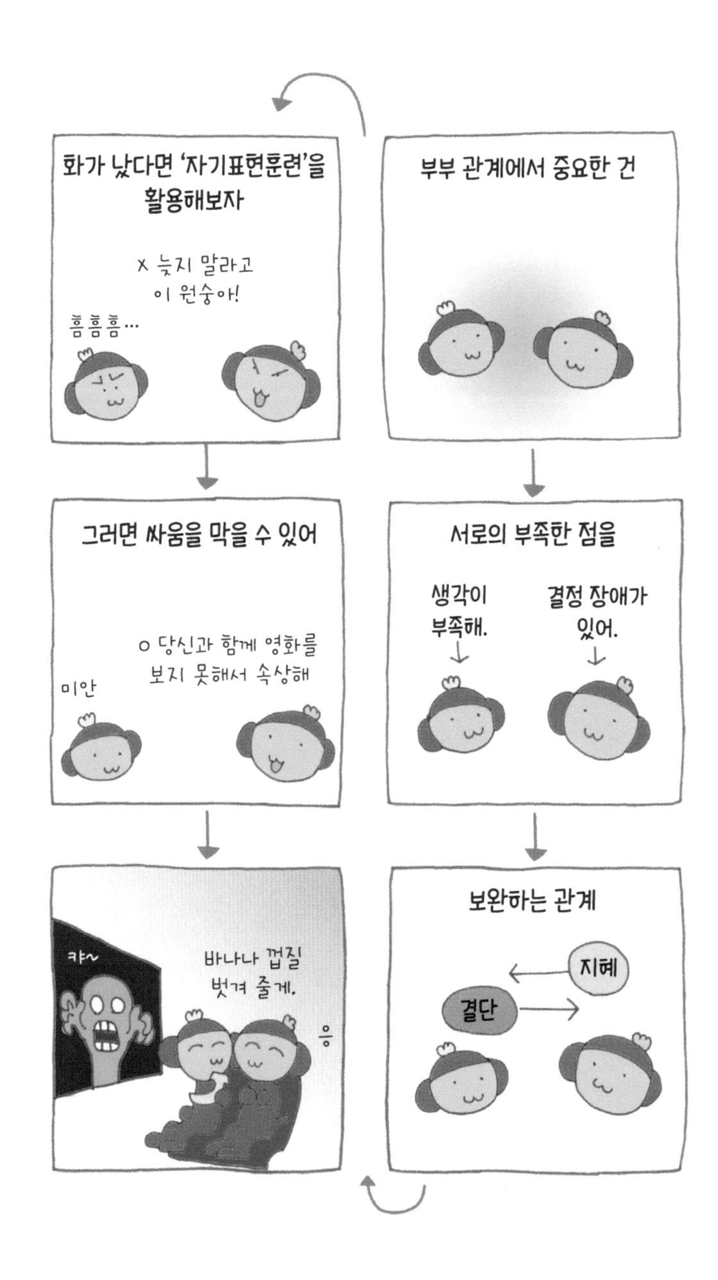
부부 관계에서 중요한 건
서로의 부족한 점을
생각이 부족해.
결정 장애가 있어.
보완하는 관계
지혜
결단
화가 났다면 '자기표현훈련'을 활용해보자
X 늦지 말라고 이 원숭아!
흠흠흠…
그러면 싸움을 막을 수 있어
O 당신과 함께 영화를 보지 못해서 속상해
미안
캬~
바나나 껍질 벗겨 줄게.
응

마치며

인간은 뭐든 잘 믿다. 혈액형 성격 진단과 별자리 운세의 신빙성을 의심하지 않고 귀를 쫑긋한다. 이는 믿을만한 요소가 있으면 믿고 싶은 심리가 작동하기 때문이다. 그리고 뭐든 잘 믿어버리는 인간의 성향을 악용하는 범죄가 생겨난다. '보이스 피싱' 같은 사기가 끊임없이 양산되는 이유는 의심하면서도 믿어버리는 성향 때문이다. 마찬가지로 인간은 '심리학'도 거부감 없이 받아들인다.

이 책에 등장하는 심리 효과는 실험을 통해 견해를 뒷받침하지만, 실험이 절대적으로 믿을만하다고 장담할 수 없다. 조건이 달라지면 결과도 달라지기 때문이다. 설문조사에서도 대상과 질문 방법에 따라 답변이 크게 달라진다. 질문 순서, 선택식인지 기입식인지, 선택지 내용, 순서에 따라 결과가 좌우되므로 주최자에게 유리한 결과를 도출하는 것은 식은 죽 먹기나 마찬가지다. 방법에 따라 신뢰도가 달라지지만 인간은 '설문조사 결과' 또는 '과학적'이라는 말을 들으면 혹 한다. 그리고 바로 믿어버린다.

또 인간은 외모나 말투에 쉽게 영향 받는다. '멜라비안의 법칙'은 사람을 판단하는 데에는 '시각 정보가 55%, 청각 정보가 38%, 언어 정보가 7%' 비율로 사용된다고 한다. 이 법칙에도 함정은 있다. 본래 '메시지 발화자가 호의와 반감을 모두 살 수 있는 정보를 보낸 경우'에 관한 이야기로, 언어 정보보다 시각 정보나 청각 정보가 판단기준이 된다. "체격이 좋네요."라는 말을 들으면 살이 쪘다는 건지 건강해 보인다는 건지 상대의 표정이나 말투로 판단할 수 있다는 뜻이다. 조건을 설명하지 않고 '언어 정보보다 시각 정보가 중요하다.'고 결론짓는 건 억지스럽다. 그러나 많은 사람과 여러 서적에서 제멋대로 이 수치를 인용한다. 경향은 참고가 되기도 하지만, 잘못된 해석으로 발전하기도 한다. P44 크레치머의 연구도 원래는 마음의 병을 앓고 있는 사람의 경향을 분류하기 위해 실시한 연구로 순수하게 성격을 판단하기 위한 연구가 아니었다.

내용을 100% 그대로 받아들이지 말고 본인의 마음을 바라보는 도구, 타인과 원만히 의사소통하기 위한 참고 자료로 활용하길 바란다. '맞는다', '안맞는다'는 중요하지 않다. 인간에게는 각자 심리적 성향이 있다는 사실을 숙지하며 삶을 풍요롭게 만들기 바란다. 심리학을 배우면 타인을 이해하게 된다. 그것은 자신을 아는 계기가 되기도 한다.

심리학은 매우 복잡하고 심오하다. 그렇기 때문에 흥미롭다. '표본 원숭이'들이 마구 설쳐대는 책이지만, 당신의 마음에 와 닿는 무언가가 있다면 더할 나위 없이 기쁠 것이다.

포포 포로덕션

《주요 참고 도서》

長縄久生,『認知心理学の視点』, ナカニシヤ出版, 1997
道又爾 他,『認知心理学 知のアーキテクチャを探る』, 有斐閣, 2003
宮城音弥,『人間性の心理学』, 岩波書店, 1968
ロザリンド・カートライト&リン・ラムバーグ,『夢の心理学』, 白揚社, 1997
大村政男,『新訂 血液型と性格』, 福村出版, 1998
鳥居修晃・望月登志子,『視知覚の形成2』, 培風館, 1997
ウイリアム・H・フレイII世,『涙 一人はなぜ泣くのか』, 日本教文社, 1990
日本スポーツ心理学会,『スポーツメンタルトレーニング教本』, 大修館書店, 2005
V・S・ラマチャンドラン,『脳のなかの幽霊 ふたたび』, 角川書店, 2005
渋谷昌三,『よくわかる心理学』, 西東社, 2007
渋谷昌三監修,『スーパー図解雑学見て分かる心理学』, ナツメ社, 2007
小林裕・飛田操編,『教科書 社会心理学』, 北大路書房, 2000
川島隆太,『脳のなんでも小辞典』, 技術評論社, 2004
野村順一,『色の秘密』, ネスコ, 文藝春秋, 1994
フェイバー・ビレン 佐藤邦夫,『ビレン 色彩学の謎を解く』, 青娥書房, 2003
フェイバー・ビレン 佐藤邦夫,『好きな色嫌いな色の性格判断テスト』, 青娥書房, 2003
M・グラッドウェル,『第1感「最初の2秒」の「なんとなく」が正しい』, 光文社, 2006

《참고문헌 / 해설》

DONALD G. DUTTON AND ARTHUR P. ARON, SOME EVIDENCE FOR HEIGHTENED SEXUAL ATTRACTION UNDER CONDITIONS OF HIGH ANXIETY.
University of British Columbia, Vancouver, Canada.
Harry McGurk and John MacDonald, Hearing lips and seeing voices. Nature, 264, 746–748, 1976
"Face perception in monkeys reared with no exposure to faces"?
戦略的創造研究推進事業 チーム型研究(CREST)/研究代表者：杉田 陽 2007
ポジション別に見たブラジルプロサッカー選手のストレス?
M. Regina F. Brandao & Pedro Winterstein(Brazil)1999
自己開示の対人魅力に及ぼす効果(1)
中村雅彦 1986

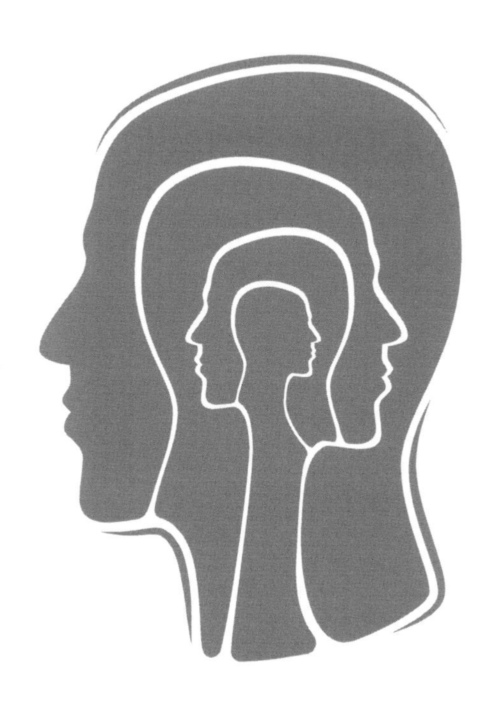

하루 한 권, 심리학

초판 인쇄 2023년 12월 29일
초판 발행 2023년 12월 29일

지은이 포포 포로덕션
옮긴이 이선희
발행인 채종준

출판총괄 박능원
국제업무 채보라
책임편집 구현희 · 강나래
마케팅 안영은
전자책 정담자리

브랜드 드루
주소 경기도 파주시 회동길 230 (문발동)
투고문의 ksibook13@kstudy.com

발행처 한국학술정보(주)
출판신고 2003년 9월 25일 제406-2003-000012호
인쇄 북토리

ISBN 979-11-6983-797-2 04400
979-11-6983-178-9 (세트)

드루는 한국학술정보(주)의 지식 · 교양도서 출판 브랜드입니다.
세상의 모든 지식을 두루두루 모아 독자에게 내보인다는 뜻을 담았습니다.
지적인 호기심을 해결하고 생각에 깊이를 더할 수 있도록, 보다 가치 있는 책을 만들고자 합니다.